基本技能训练与综合测评

高吉祥 苏 钢 主 编◎

王 彦 副主编◎

黄国玉 冯 璐 曾玫贞

　　　　　　　　　　编◎

王华明 邓 蓉 张 涛

傅丰林 主 审◎

电子工业出版社

Publishing House of Electronics Industry

北京·BEIJING

内 容 简 介

本书是全国大学生电子设计竞赛培训教程第 1 分册，是针对全国大学生电子设计竞赛的特点和需求编写的。全书共 7 章，内容包括绪论、电子设计竞赛制作基础训练、基本单元电路的设计与制作、单片机系统的设计与制作、可编程逻辑器件系统的设计与制作、电子设计竞赛作品设计与制作的方法和步骤、全国大学生电子设计竞赛综合测评。

本书内容丰富实用，叙述条理清楚、工程性强，可作为高等学校电子信息、自动化类、电气类、计算机类专业的大学生参加全国及省级电子设计竞赛、课程设计与制作、毕业设计的参考书，以及电子工程各类技术人员的参考书。

图书在版编目（CIP）数据

全国大学生电子设计竞赛培训教程. 第 1 分册，基本技能训练与综合测评/高吉祥，苏钢主编.

北京：电子工业出版社，2019.5

ISBN 978-7-121-29497-6

Ⅰ. ①全… Ⅱ. ①高… ②苏… Ⅲ. ①电子电路－电路设计－高等学校－教材 Ⅳ. ①TN702

中国版本图书馆 CIP 数据核字（2019）第 037822 号

责任编辑：谭海平　　　特约编辑：陈晓莉
印　　刷：北京捷迅佳彩印刷有限公司
装　　订：北京捷迅佳彩印刷有限公司
出版发行：电子工业出版社
　　　　　北京市海淀区万寿路 173 信箱　　　邮编：100036
开　　本：787×1 092　1/16　印张：13.75　　字数：352 千字
版　　次：2019 年 5 月第 1 版
印　　次：2023 年 7 月第 6 次印刷
定　　价：49.00 元

全国大学生电子设计竞赛是由教育部高等教育司、工业和信息化部人事教育司共同主办的，面向全国高等学校本科、专科学生的一项群众性科技活动，目的在于推动普通高等学校在教学中培养大学生的创新意识、协作精神和理论联系实际的能力，加强学生工程实践能力的训练和培养；鼓励广大学生踊跃参加课外科技活动，把主要精力吸引到学习和能力培养上来，促进高等学校形成良好的学习风气；同时，也为优秀人才脱颖而出创造条件。

全国大学生电子设计竞赛自 1994 年至今已成功举办 13 届，深受全国大学生的欢迎和喜爱，参赛学校、参赛队和参赛学生的数量逐年增加。对参赛学生而言，电子设计竞赛和赛前系列培训，使他们获得了电子综合设计能力，巩固了所学知识，培养了他们用所学理论指导实践，团结一致，协同作战的综合素质；通过参加竞赛，参赛学生可以发现学习过程中的不足，找到努力的方向，为毕业后从事专业技术工作打下更好的基础，为将来就业做好准备。对指导老师而言，电子设计竞赛是新、奇、特设计思路的充分展示，更是各高等学校之间电子技术教学、科研水平的检验，通过参加竞赛，可以找到教学中的不足之处。对各高等学校而言，全国大学生电子设计竞赛现已成为学校评估不可缺少的项目之一，这种全国大赛是提高学校整体教学水平、改进教学的一种好方法。

全国大学生电子设计竞赛只在单数年份举办。然而，近年来，许多地区、省、市在双数年份也单独举办地区性或省内电子设计竞赛，许多学校甚至每年举办多次电子设计竞赛，目的在于通过这类电子设计大赛，让更多的学生受益。

全国大学生电子设计竞赛组委会为组织好这项赛事，于 2005 年编写了《全国大学生电子设计竞赛获奖作品选编（2005）》。我们在组委会的支持下，从 2007 年开始至今，编写了"全国大学生电子设计竞赛培训教程"（共 14 册），深受参赛学生和指导教师的欢迎与喜爱。

据不完全统计，培训教程出版发行后，已被数百所高校采用为全国大学生电子设计竞赛及各类电子设计竞赛培训的主要教材或参考教材。读者纷纷来信、来电表示，这套教材写得很成功、很实用，同时也提出了许多宝贵的意见。因此，从 2017 年开始，我们对培训教程进行了整编。新编写的 5 本培训教程包括《基本技能训练与综合测评》《模拟电子线路与电源设计》《数字系统与自动控制系统设计》《高频电子线路与通信系统设计》《电子仪器仪表与测量系统设计》。

《基本技能训练与综合测评》是新编培训教程的第 1 分册，是在前几版的基础上撰写而成的，删除了一些陈旧的内容，新增了基本单元电路设计和历届综合测评的内容。全书共 7 章，内容包括绪论、电子设计竞赛制作基础训练、基本单元电路的设计与制作、单片机系统的设计与制作、可编程逻辑器件系统的设计与制作、电子设计竞赛作品设计与制作的方法和步骤、全国大学生电子设计竞赛综合测评。

本书由高吉祥、苏钢担任主编，王彦担任副主编；黄国玉、冯璐、曾玫贞、王明华、邓蓉、张涛等人参加了部分章节的编写；西安电子科技大学傅丰林教授在百忙之中对本书进行了主审；长沙学院电子信息与电气工程学院院长刘光灿教授为本书的立项和组织做了大量工作；北京理工大学罗伟雄教授、武汉大学赵茂泰教授等为本书的编写出谋划策，对本书的修订提出了宝贵意见，在此表示衷心的感谢。

由于时间仓促，本书难免存在疏漏和不足之处，欢迎广大读者和同行批评指正。

编　者

目 录

第①章
绪　论

1.1 全国大学生电子设计竞赛的目的和意义

全国大学生电子设计竞赛是由教育部高等教育司、工业和信息化部人事教育司共同主办的，面向高校本科生、专科生的一项群众性科技活动，目的在于推动普通高等学校电子信息类学科面向 21 世纪的课程体系和课程内容改革，引导高等学校在教学中培养大学生的创新意识、协作精神和理论联系实际的能力，加强学生工程实践能力的训练和培养；鼓励广大学生踊跃参加课外科技活动，把主要精力吸引到学习和能力培养上来，促进高等学校形成良好的学习风气；同时，也为优秀人才脱颖而出创造条件。

全国大学生电子设计竞赛自 1994 年至今已成功举办了 13 届，深受全国大学生的欢迎与喜爱，参赛学校、参赛队和参赛学生的数量逐年递增。对参赛学生而言，电子设计竞赛和赛前系列培训，使他们获得了电子综合设计能力，巩固了所学知识，并培养了他们用所学理论指导实践，团结一致、协同作战的综合素质；通过参加竞赛，参赛学生可以找到学习过程的不足和努力方向，为毕业后从事专业技术工作打下更好的基础，为将来就业做好准备。对指导老师而言，电子设计竞赛是新、奇、特设计思路的充分展示，更是各高校之间电子技术教学、科研水平的检验，通过参加竞赛，可以找到教学中的不足之处。对各高校而言，全国大学生电子设计竞赛现已成为高校评估不可缺少的项目之一，这种全国大赛是提高学校整体教学水平、改进教学的一种好方法。

全国大学生电子设计竞赛只在单数年份举办。然而，近年来，许多地区、省、市在双数年份也单独举办地区性或省内电子竞赛，许多学校甚至每年举办多次电子竞赛，目的在于通过这类电子大赛，让更多的学生受益。

1.2 竞赛的命题原则与要求

每逢全国大学生电子设计竞赛举办年度（单数年），全国竞赛组委会都会向参赛的赛区发布当年竞赛的"命题原则及征题要求"。各赛区组委会根据命题原则，广泛征集来自教学一线教师设计的竞赛题目。全国专家组对征集的题目进行综合加工、精心完善，最终形成多个竞赛题目。每年的"命题原则及征题要求"大同小异，但 2010 年以后变化较大，基本可以划分为两个阶段，即 2010 年以前为第一阶段，2010 年以后为第二阶段。第一阶段命题的范围以电子技术应用设计为主要内容，涉及模数混合电路、单片机、嵌入式系统、DSP、可编辑器件、EDA 软件、超高频及光学红外器件的应用。第二阶段以综合应用型为主要内容，工作频率不断提高，应用范围由二维控制改为三维控制。

第一阶段：以 2005 年的竞赛为代表。2005 年，全国大学生电子设计竞赛的命题原则及征题要求如下。

1. 命题范围

赛题以电子技术（包括模拟电路和数字电路）应用设计为主要内容，涉及模数混合电路、单片机单路、嵌入式系统、DSP、可编程器件、EDA 软件、超高频及光学红外器件的应用。题目包括"理论设计"和"实际制作与调试"两部分。竞赛题目具有实际意义和应用背景，并考虑到了目前的教学基本内容和新技术应用趋势。

2. 命题要求

竞赛题目应能测试学生运用基础知识的能力、实际设计能力和独立工作能力。题目原则上应包括基本要求部分和发挥部分，以使绝大多数参赛学生既能在规定的时间内完成基本要求部分的设计工作，又能便于优秀学生有发挥和创新的余地。命题应充分考虑到竞赛评审的操作性。

3. 题目类型

（1）综合题，应涵盖模数混合电路。可涉及单片机和可编程逻辑器件的应用，并尽可能适合不同类型学校和专业的学生选用。

（2）侧重于某专业（如电子信息、计算机、通信、自动控制、电子技术应用等）的题目。

（3）侧重于模拟电路、数字电路、电力电子技术等课程内容的题目。

（4）侧重于新型集成电路应用的题目。

（5）侧重于常用电子产品和电子仪器初步设计的题目。

4. 命题格式

（1）题目名称：要求简明扼要。

（2）设计任务和要求：需对题目进行必要的说明，明确提出设计任务和对功能指标的要求，文字描述准确，避免含糊不清。

（3）评分标准：按设计报告、实际制作两部分提出具体评分细则。

（4）命题意图与知识范围：命题人应对命题的意图、涉及的主要知识范围及其他问题予以必要的说明，供全国专家组选题时参考。

根据上述"命题原则及征题要求"，2005 年竞赛最后出了 7 道试题：

A 题：正弦信号生成器设计（频率范围为100kHz～10MHz）。

B 题：集成运算放大器参数测量仪设计。

C 题：简易频谱分析仪设计（频率范围为1～30MHz）。

D 题：单工无线呼叫系统设计（频率范围为30～40MHz）。

E 题：悬挂运动控制系统设计。

F 题：数控恒流源设计。

G 题：三相正弦变频电源设计。

题目特点：以电子技术应用设计为主要内容，但频率偏低，无三维控制题型。

第二阶段：张晓林教授接任全国专家组组长后，提出了频率要提高、二维控制改为三维控制、其他试题难度要加大、实用性要增强的设想。经过几年努力，在通信类、高频类题型中，频率从几十 MHz→100MHz→200MHz→300MHz→光波，不断提高；自动控制类题型已由二维控制改为三维控制。

2015 年的竞赛试题完全可以说明这一点。2015 年本科生的 7 道竞赛试题如下：

A 题：双向 DC-DC 变换器设计。

B 题：风力摆控制系统（三维自动控制系统）设计。

C 题：多旋翼自主飞行器（三维飞行器）设计。

D 题：增益可控射频宽带放大器设计（频率范围为 40～200MHz）。

E 题：80～100MHz 频谱分析仪设计（频率范围为 90～110MHz）。

F 题：数字频率计设计（频率范围为 1～100MHz）。

G 题：短距视频信号无线通信网络设计（频率范围为电视频道任选）。

题目特点：高频、通信类题目增多，频率提高。自控类题目已由二维控制改为三维控制。

1.3 竞赛题涉及的知识面与知识点

历届竞赛题涵盖的知识面和知识点范围极广，很难列全，因此本书仅列出涉及的主要知识面和知识点。不管竞赛题属于哪一类，有些知识面和知识点是通用的，称之为基础知识面和基本知识点，而不同类型的竞赛题还有自己特有的知识面和知识点。

基础知识面主要包括：电路分析基础、模拟电子技术基础、数字电子技术基础、微机原理、单片机及其应用、可编程逻辑器件原理及应用、EDA 技术及其应用、电子系统设计、C 语言、汇编语言和 VHDL 语言。

对于不同类型的题目，还会涉及一些特有的知识。

（1）模电（模拟电子技术）类：模拟集成电路原理与应用、电力电子技术。

（2）高频（高频电子线路）类：高频电子线路、通信原理、无线电发射与接收设备、电磁场与微波技术、天线原理。

（3）仪器仪表类：电子测量与仪器、模拟集成电路原理与应用、高频电子线路、基于 FPGA 的嵌入式系统、现代信号处理。

（4）数电与自控类：数字电子技术、自动控制原理、传感器原理及其应用、现代信号处理、电机原理。

竞赛题涉及的知识点不胜枚举。每种类型均有自己的主要知识点，读者可以举一反三。

以高频电子线路为例，主要知识点可用"三器、三控、三技、两机"来概括。

所谓"三器"，是指放大器（小信号高频放大器、功率放大器）、振荡器（正弦振荡器）、调制与解调器（含 AM、FM、PM 和数字信号调制与解调）。

所谓"三控"，是指自动增益控制（AGC）、自动频率控制（AFC）和自动相位控制（APC）。

所谓"三技"，是指频率合成技术（含模拟与数字频率合成技术）、功率合成技术和宽频带技术。

所谓"两机"，是指发射机和接收机。

上述知识点均是高频类题型的主要考点。

1.4　出题趋势

2017 年是全国大学生电子设计竞赛组委员会改选年，更换了组委会班子、专家组成员、主办单位及赞助商。新班子成立后，出题的形式和内容均有较大的变化。

第一个特点是，总体趋势向综合型、实用型方向发展。2017 年全国大学生电子设计竞赛本科组的 8 道题中，其中有 6 道题属于综合型和实用型题，占总题数的 75%。例如，微电网模拟系统（A 题）、滚球控制系统（B 题）、四旋翼自主飞行器探测跟踪系统（C 题）、可见光室内定位系统（I 题）、远程幅频特性测试仪（H 题）、单相用电器分析监测装置（K 题）等试题就体现了这一特点。这是 2017 年试题最突出的特点，也是今后出题的总体趋势。

第二个特点是，高频、通信类的内容渗透到了各题中。例如，A 题、B 题、C 题、F 题、I 题、H 题、K 题与高职高专组的 L 题均涉及高频通信类的内容。WiFi 等局域网通信也首次出现在试题中，今后 WiFi 等会多次进入试题中。

第三个特点是，自动控制类题已全部进入三维控制范围。例如，B、C 题、M 题、L 题均是三维自控题型。

预测智能小车、无人机一类题目今后还会出现，而且会由室内走向室外，定位会采用 GPS、北斗定位系统，而模式识别技术向实用型方向发展。

竞赛题要与时俱进。手机的结构主要由两大部分组成：一是数据处理部分，包含数据采集、高速 A/D 变换、信道编码、速率匹配、加扰、数据压缩、编码和存储，以及上述过程的逆过程；二是收发系统，包括数据调制、解调、频谱搬移、收发天线、收发隔离等。因此，应借助全国大学生电子设计竞赛这一平台，攻克这些难关。这类题型可以作为公开题，让学生、辅导老师有更多的时间去研究。

手机目前使用的频率范围为 800MHz 至几 GHz，属于分米波、厘米波范畴。2013 年高频通信类题的频率范围已由几十 MHz 提高到约 100MHz，2015 年提高到约 200MHz，2017 年提高到 300MHz。按照每两年提高 100MHz 这样的速率来提高频率，要等多长时间才能达到手机使用的频率范围呢？

全国专家组组长张晓林在 2013 年的昆明会议上提出频率要提高、二维改三维的设想后，2013 年就出了一道"四旋翼自主飞行器"的试题，当年就有人反对。实践证明，经过几年的努力，这培训了一大批无人机设计方面的人才。目前，我国无人机"满天飞"，进入了无人机世界先进行列，这就是对国家的贡献。2018 年，西安电子科技大学教授傅丰林在郑州会议上提出，电子竞赛要出频率超过 800MHz 的手机通信方面的试题，这又是一次大改革，应大力支持与投入。

第②章

电子设计竞赛制作基础训练

内容提要

本章介绍电子设计制作必备的基础知识，内容包括电子元器件的分类、型号、识别、主要性能、使用注意事项，装配工具及使用方法，焊接材料、焊接工艺和焊接方法，印制电路板的设计与制作方法。

2.1 常用电子电路元器件的识别与主要性能参数

任何电子电路都是由元器件组成的，而常用的元器件有电阻器、电容器、电感器和各种半导体器件（如二极管、三极管、集成电路等）。要能正确地选择和使用这些元器件，就必须掌握它们的性能、结构及主要参数等有关知识。

2.1.1 电阻器的简单识别与型号命名法

1. 电阻器分类

电阻器是电路元器件中应用最广泛的一种，在电子设备中约占元器件总数的 30%以上，其质量的好坏对电路的稳定性影响极大。电阻器的主要用途是稳定和调节电路中的电流与电压，还可作为分流器、分压器和消耗电能的负载等。

电阻器按结构可分为固定式和可变式两大类。

固定式电阻器一般称为"电阻"。由于制作材料和工艺的不同，固定式电阻器可分为膜式电阻、实芯电阻、金属线绕电阻（RX）和特殊电阻四种类型。膜式电阻包括碳膜电阻（RT）、金属膜电阻（RJ）、合成膜电阻（RH）和氧化膜电阻（RY）等。实芯电阻包括有机实芯电阻（RS）和无机实芯电阻（RN）。特殊电阻包括 MG 型光敏电阻和 MF 型热敏电阻。

可变式电阻器分为滑线式变阻器和电位器，其中应用最广泛的是电位器。

电位器是一种具有三个接头的可变电阻器，其阻值在一定范围内能连续可调。电位器按电阻体的材料可分为薄膜电位器和线绕电位器两种。薄膜电位器又可分为 WTX 型小型碳膜电位器、WTH 型合成碳膜电位器、WS 型有机实芯电位器、WHJ 型精密合成膜电位器和 WHD 型多圈合成膜电位器等。线绕电位器的代号为 WX。一般来说，线绕电位器的误差不大于±10%，非线绕电位器的误差不大于±2%，其阻值、误差和型号均标在电位器上。

按调节机构的运动方式分类，可分为旋转式电位器和直滑式电位器。

按结构分类，可分为单联电位器、多联电位器、带开关电位器、不带开关电位器等；按开关形式又可分为旋转式电位器、推拉式电位器、按键式电位器等。

按用途分类，可分为普通电位器、精密电位器、功率电位器、微调电位器和专用电位器等。

按阻值随转角变化的关系曲线分类，电位器又可分为线性电位器和非线性电位器，如图 2.1.1 所示，它们特点如下。

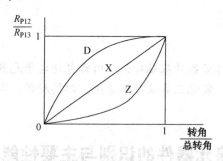

图 2.1.1　阻值随转角变化的关系曲线

X 式（直线式）：如用于示波器的聚焦电位器和用于万用表（如 MF-20 型万用表）的调零电位器，其线性精度为±2%、±1%、±0.3%、±0.05%。

D 式（对数式）：如用于电视机的黑白对比度调节电位器，其特点是先粗调后细调。

Z 式（指数式）：如用于收音机的音量调节电位器，其特点是先细调后粗调。

注意，字母 X、D、Z 一般印在电位器上。常用电阻器和电位器的外形与符号如图 2.1.2 所示。

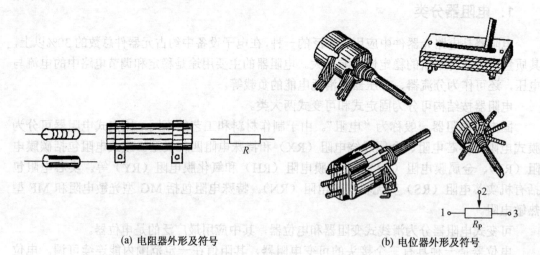

(a) 电阻器外形及符号　　　　　　　　　　　　　(b) 电位器外形及符号

图 2.1.2　常用电阻器和电位器的外形与符号

2. 电阻器的型号命名

电阻器的型号命名详见表 2.1.1。

表 2.1.1 电阻器的型号命名

第一部分		第二部分		第三部分		第四部分
用字母表示主称		用字母表示材料		用数字和字母表示特征		用数字表示序号
符号	意义	符号	意义	符号	意义	意义
		T	碳膜	1,2	普通	
		P	硼碳膜	3	超高频	
		U	硅碳膜	4	高阻	
		C	沉积膜	5	高温	
		H	合成膜	7	精密	
		I	玻璃釉膜	8	电阻器——高压	
R	电阻器	J	金属膜（箔）		电位器——特殊函数	包括额定功率、阻值、允许误差、精度等级
RP	电位器	Y	氧化膜	9	特殊	
		S	有机实芯	G	高功率	
		N	无机实芯	T	可调	
		X	线绕	X	小型	
		R	热敏	L	测量用	
		G	光敏	W	微调	
		M	压敏	D	多圈	

例如，RJ71-0.125-5.1kI 电阻器的含义如下所示：

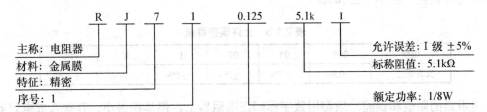

由此可见，这些精密金属膜电阻器的额定功率为 1/8W，标称电阻值为 5.1kΩ，允许误差为 ±5%。

3. 电阻器的主要性能指标

1) 额定功率

电阻器的额定功率是指在规定的环境温度和湿度下，假定周围空气不流通，在长期连续负载而不损坏或基本不改变性能的情况下，电阻器上允许消耗的最大功率。当超过额定功率时，电阻器的阻值将发生变化，甚至发热烧毁。为保证安全使用，电阻器的额定功率一般要选择为比其在电路中消耗的功率高 1～2 倍。

额定功率分为 19 个等级，常用的有 $\frac{1}{20}$W，$\frac{1}{8}$W，$\frac{1}{4}$W，$\frac{1}{2}$W，1 W，2 W，4 W，5 W，…。在电路图中，非线绕电阻器额定功率的符号表示法如图 2.1.3 所示。

$$\frac{1}{20}W \quad \frac{1}{8}W \quad \frac{1}{4}W \quad \frac{1}{2}W \quad 1W$$

$$2W \quad 3W \quad 5W \quad 7W \quad 10W$$

图 2.1.3 非线绕电阻器额定功率的符号表示法

实际中应用得较多的有 $\frac{1}{8}W,\frac{1}{4}W,\frac{1}{2}W,1W,2W$。线绕电位器应用得较多的有 2W, 3W, 5W, 10W 等。

2）标称阻值

标称阻值是产品标记的"名义"阻值，其单位为欧（Ω）、千欧（kΩ）、兆欧（MΩ）。标称阻值系列见表 2.1.2。

任何固定电阻器的阻值，都符合表 2.1.2 中所列的数值乘以 $10^n\Omega$，其中 n 为整数。

表 2.1.2 标称阻值系列

允许误差	系列代号	标称阻值系列
±5%	E24	1.0 1.1 1.2 1.3 1.5 1.6 1.8 2.0 2.2 2.4 2.7 3.0 3.3 3.6 3.9 4.3 4.7 5.1 5.6 6.2 6.8 7.5 8.2 9.1
±10%	E12	1.0 1.2 1.5 1.8 2.2 2.7 3.3 3.9 4.7 5.6 6.8 8.2
±20%	E6	1.0 1.5 2.2 3.3 4.7 6.8

3）允许误差

允许误差是指电阻器和电位器的实际阻值对于标称阻值的最大允许偏差范围，它表示产品的精度。允许误差等级见表 2.1.3。线绕电位器的允许误差一般小于±10%，非线绕电位器的允许误差一般小于±20%。

表 2.1.3 允许误差等级

级别	005	01	02	I	II	III
允许误差	±0.5%	±1%	±2%	±5%	±10%	±20%

电阻器的阻值和误差一般都用数字标印在电阻器上，但体积很小。有些合成电阻器的阻值和误差常用色环来标记，如图 2.1.4 所示，即在靠近电阻器的一端画上四道或五道（精密电阻）色环，其中第一道色环、第二道色环及精密电阻的第三道色环都表示相应位数的数字，再后的一道色环则表示前面的数字再乘以 10^n，最后一道色环表示阻值的允许误差。色环颜色的意义见表 2.1.4。

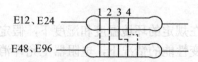

图 2.1.4 阻值和误差的色环标记

表 2.1.4 色环颜色的意义

颜色数值	黑	棕	红	橙	黄	绿	蓝	紫	灰	白	金	银	本色
代表数值	0	1	2	3	4	5	6	7	8	9			
允许误差		F （±1%）	G （±2%）			D （±0.5%）	C （±0.25%）	B （±0.1%）			J （±5%）	K （±10%）	±20%

例如，四色环电阻器的第一道、第二道、第三道、第四道色环分别为棕色、绿色、红色、金色，因此该电阻的阻值和误差如下：

$$R = (1 \times 10 + 5) \times 10^2 \Omega = 1500\Omega,\ 误差为 \pm 5\%$$

它表示该电阻的阻值和误差是 $1.5\text{k}\Omega \pm 5\%$。

4）最高工作电压

最高工作电压是由电阻器、电位器最大电流密度、电阻体击穿及其结构等因素所规定的工作电压限度。对阻值较大的电阻器，当工作电压过高时，虽然功率不超过规定值，但内部会发生电弧火花放电，导致电阻变质而损坏。一般 $\frac{1}{8}$ W 碳膜电阻器或金属膜电阻器的最高工作电压分别不能超过 150V 或 200V。

4. 电阻器的简单测试

测量电阻的方法很多，可用欧姆表、电阻电桥和数字欧姆表直接测量，也可根据欧姆定律 $R = V/I$，通过测量流过电阻的电流 I 及电阻上的压降 V 来间接测量电阻值。

当测量精度要求较高时，采用电阻电桥来测量电阻。电阻电桥有单臂电桥（惠斯登电桥）和双臂电桥（凯尔文电桥）两种，这里不做详细介绍。

当测量精度要求不高时，可直接用欧姆表测量电阻。现以 MF-20 型万用表为例，介绍测量电阻的方法。首先将万用表的功能选择波段开关置 Ω 挡，量程波段开关置合适挡位。将两根测试笔短接，表头指针应在刻度线零点；若不在零点，则要调节 Ω 旋钮（零欧姆调节电位器）回零。回零后即可把被测电阻串接在两根测试笔之间，此时表头指针偏转，待稳定后可从刻度线上直接读出所示的数值，再乘以事先选择的量程，即可得到被测电阻的阻值。另换一个量程时，必须再次短接两测试笔，重新调零。每换一个量程挡位，都必须调零一次。

要特别指出的是，在测量电阻时，不能用双手同时捏住电阻或测试笔，因为这样做的话，人体电阻会与被测电阻并联在一起，表头上指示的数值就不单纯是被测电阻的阻值。

5. 选用电阻器的常识

（1）根据电子设备的技术指标和电路的具体要求选用电阻的型号和误差等级。

（2）为提高设备的可靠性，延长使用寿命，应选用额定功率大于实际消耗功率 1.5~2 倍的电阻器。

（3）电阻装接前应进行测量、核对，尤其是在精密电子仪器设备装配时，还要进行人工老化处理，以提高稳定性。

（4）装配电子仪器时，若所用的是非色环电阻，则应将电阻标称值标记朝上，使标记顺序一致，以便观察。

（5）焊接电阻时，烙铁停留时间不宜过长。

（6）应根据电路中信号频率的高低来选用电阻。一个电阻可等效为一个 R、L、C 二端线性网络，如图 2.1.5 所示。不同类型的电阻，其 R、L、C 三个参数的大小差异很大。线绕电阻本身是电感线圈，因此不能用在高频电路中。若电阻体上刻有螺旋槽，则其工作频率约为 10MHz；若电阻体上未刻有螺旋槽（如 RY 型），则其工作频率更高。

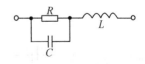

图 2.1.5　电阻器等效电路

（7）电路中需要串联或并联电阻来获得所需的阻值时，应考虑其额定功率。阻值相同的电阻串联或并联后，额定功率等于各个电阻额定功率之和。阻值不同的电阻串联时，额定功率取决于高阻值电阻；阻值不同的电阻并联时，额定功率取决低阻值电阻，且需要计算后方可应用。

6. 电阻器和电位器的选用原则

1）电阻器的选用原则

（1）金属膜电阻稳定性好、温度系数小、噪声小，常用在要求较高的电路中，适用于运算放大器电路、宽带放大电路、AGC 放大电路和高频放大电路。

（2）金属氧化膜电阻有极好的脉冲、高频特性，其应用场合同上。

（3）碳膜电阻的温度系数为负数、噪声大，精度等级低，常用于一般要求的电路中。

（4）线绕电阻的精度高，但分布参数较大，不适用于高频电路。

（5）敏感电阻又称半导体电阻，通常有光敏、热敏、湿敏、压敏、气敏等不同类型，可作为传感器用来检测相应的物理量。

2）电位器选用的原则

（1）在高频、高稳定性的场合，选用薄膜电位器

（2）在要求电压均匀的变化场合，选用直线式电位器。

（3）音量控制宜选用指数式电位器。

（4）在要求高精度的场合，选用线绕多圈电位器。

（5）在要求高分辨率的场合，选用各类非线绕电位器、多圈微调电位器。

（6）在普通应用场合，选用碳膜电位器。

2.1.2 电容器的简单识别与型号命名法

1. 电容器的分类

电容器是一种储能元件，它在电路中用于调谐、滤波、耦合、旁路、能量转换和延时。电容的种类如下。

1）按电容器结构分类

（1）固定电容器

电容量固定不可调时，我们称之为固定电容器。图 2.1.6 所示为几种固定电容器的外形和电路符号，其中图 2.1.6(a)所示为电容器符号（带"+"号的为电解电容器），图 2.1.6(b)所示为瓷介电容器，图 2.1.6(c)所示为云母电容器，图 2.1.6(d)所示为涤纶薄膜电容器，图 2.1.6(e)所示为金属化纸介电容器，图 2.1.6(f)所示为电解电容器。

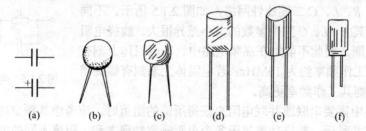

图 2.1.6　几种固定电容器外形和电路符号

（2）半可变电容器（微调电容器）

半可变电容器的电容量可在小范围内变化，可变电容量为几皮法至几十皮法，最高达100pF（以陶瓷为介质时），适用于整机调整后电容量不需经常改变的场合。半可变电容器常以空气、云母或陶瓷作为介质，其外形和电路符号如图2.1.7所示。

(a) 拉线和瓷介微调电容器外形　　　(b) 半可变电容器符号

图 2.1.7　半可变电容器的外形和电路符号

（3）可变电容器

可变电容器的电容量可在一定范围内连续变化，常有"单联"和"双联"之分，可变电容器由若干形状相同的金属片并接成一组定片和一组动片，外形和电路符号如图2.1.8所示。动片可以通过转轴转动，以改变动片插入定片的面积，从而改变电容量。可变电容器一般以空气作为介质；也有用有机薄膜作为介质的，但温度系数较大。

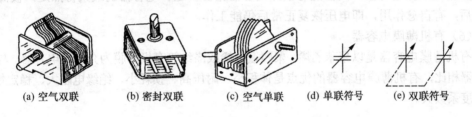

(a) 空气双联　　(b) 密封双联　　(c) 空气单联　　(d) 单联符号　　(e) 双联符号

图 2.1.8　可变电容器的外形和电路符号

2）按电容器介质材料分类

（1）电解电容器

电解电容器是以铝、钽、铌、钛等金属氧化膜作为介质的电容器。应用最广的是铝电解电容器，其电容量大、体积小，耐压高（耐压越高，体积越大），耐压一般在500V以下，常用于交流旁路和滤波；缺点是电容量误差大，且随频率变动，绝缘电阻低。电解电容有正、负极之分（外壳为负端，另一个接头为正端）。一般来说，电容器外壳上都标有"+""−"记号；无标记时，引线长的为"+"端，引线短的为"−"端。使用时必须注意不要接反，若接反，电解作用会反向运行，氧化膜很快变薄，漏电流急剧增加；所加的直流电压过大时，电容器会很快发热，甚至引起爆炸。

由于铝电解电容具有不少缺点，因此在要求较高的场合常用钽、铌或钛电解电容，这些电容要比铝电解电容的漏电流小、体积小，但成本高。

（2）云母电容器

云母电容器是以云母片作为介质的电容器，其特点是高频性能稳定，损耗小、漏电流小、电压高（从几百伏到几千伏），但电容量小（从几十皮法到几万皮法）。

（3）瓷介电容器

瓷介电容器以高介电常数、低损耗的陶瓷材料为介质，体积小、损耗小、温度系数小，可工作在超高频范围，但耐压较低（一般为60～70V），电容量较小（一般为1～1000pF）。

为克服电容量小的特点，现在采用了铁电陶瓷和独石电容。铁电陶瓷电容的电容量可达 680pF～0.047μF，独石电容的电容量可达 0.01μF 至几微法，但它们的温度系数大、损耗大、电容量误差大。

（4）玻璃釉电容

玻璃釉电容以玻璃釉作为介质，具有瓷介电容的优点，且体积比同电容量瓷介电容的小。玻璃釉电容的电容量范围为 4.7pF～4μF。另外，玻璃釉电容的介电常数在很宽的频率范围内保持不变，还可应用到 125℃高温下。

（5）纸介电容器

纸介电容器的电极用铝箔或锡箔做成，绝缘介质是浸蜡的纸，相叠后卷成圆柱体，外包防潮物质，有时外壳采用密封的铁壳以提高防潮性。大电容量的电容器常在铁壳里灌满电容器油和变压器油，以提高耐压强度，因此被称为油浸纸介电容器。纸介电容器的优点是，在一定体积内可以得到较大的电容量，且结构简单、价格低廉。纸介电容器的介质损耗大，稳定性不高，主要用作低频电路的旁路和隔直电容，电容量一般为 100pF～10μF。

新发展的纸介电容器采用蒸发方式使金属附着于纸上作为电极，因此体积大大缩小，称为金属化纸介电容器，其性能与纸介电容器相仿。这种电容器的最大特点是，被高电压击穿后，有自愈作用，即电压恢复正常后仍能工作。

（6）有机薄膜电容器

有机薄膜电容器是以聚苯乙烯、聚四氟乙烯或涤纶等有机薄膜为介质的电容器。与纸介电容器相比，有机薄膜电容器的优点是体积小、耐压高、损耗小、绝缘电阻大、稳定性好，但温度系数大。

2. 电容器的型号命名法

电容器的型号命名法见表 2.1.5。

表 2.1.5　电容器的型号命名法

第一部分		第二次部分		第三部分		第四部分
用字母表示主称		用字母表示材料		用字母表示特征		用字母或数字表示序号
符号	意义	符号	意义	符号	意义	
C	电容器	C	瓷介	T	铁电	
		I	玻璃釉	W	微调	
		O	玻璃膜	J	金属化	
		Y	云母	X	小型	
		V	云母纸	S	独石	包括品种、尺寸代码、温特特性、直流工作电压、标称值、允许误差、标准代码
		Z	纸介	D	低压	
		J	金属化纸介质	M	密封	
		B	聚苯乙烯	Y	高压	
		F	聚四氟乙烯	C	穿心式	
		L	涤纶（聚酯）			

续表

第一部分	第二次部分		第三部分	第四部分
	S	聚碳酸酯		
	Q	漆膜		
	H	纸膜复合		
	D	铝电解		
	A	钽电解		
	G	金属电解		
	N	铌电解		
	T	钛电解		
	M	压敏		
	E	其他材料电解		

例如，CJX-250-0.33-±10%电容器的含义如下所示：

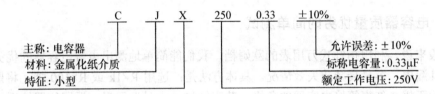

3. 电容器的主要性能指标

（1）电容量

电容量是指电容器加上电压后，储存电荷的能力。电容量的常用单位是法（F）、微法（μF）和皮法（pF）。三者的关系为

$$1pF = 10^{-6}\mu F = 10^{-12}F$$

一般来说，电容器上会直接标出其电容量，也有的用数字来标记电容量。例如，有的电容上只标记三位数值"332"，左起的两位数字给出电容量的第一位、第二位数字，第三位数字表示附加的零的个数，以 pF 为单位，因此"332"表示该电容的电容量为3300pF。

（2）标称电容量

标称电容量是标记在电容器上的"名义"电容量。我国的固定式电容器标称电容量系列为 E24，E12，E6。电解电容的标称容量参考系列为 1，1.5，2.2，3.3，4.7，6.8（以 μF 为单位）。

（3）允许误差

允许误差是实际电容量相对于标称电容量的最大允许偏差范围。固定电容器的允许误差分为 8 级，见表 2.1.6。

表 2.1.6　固定电容器的允许误差等级

级别	01	02	I	II	III	IV	V	VI
允许误差	±1%	±2%	±5%	±10%	±20%	+20%～-30%	+50%～-20%	+100%～-10%

（4）额定工作电压

额定工作电压是电容器在规定的工作范围内，长期、可靠地工作所能承受的最高电压。

常用固定电容器的直流工作电压系列为 6.3V, 10V, 16V, 25V, 40V, 63V, 100V, 250V 和 400V。

（5）绝缘电阻

绝缘电阻是加在电阻上的直流电压与通过电阻的漏电量的比值。绝缘电阻一般应在 5000MΩ 以上，优质电容器的绝缘电阻可达 TΩ（10^{12}Ω，称为太欧）级。

（6）介质损耗

理想的电容器应没有能量损耗。然而，实际上电容器在电场的作用下，总有一部分电能转换为热能，此时所损耗的能量称为电容器损耗，它包括金属极板的损耗和介质损耗两部分。小功率电容器的损耗主要是介质损耗。

所谓介质损耗，是指介质缓慢极化和介质电导所引起的损耗。介质损耗通常用损耗功率和电容器的无功功率之比，即损耗角的正切值来表示：

$$\tan\delta = \frac{损耗功率}{无功功率}$$

在同容量、同工作条件下，损耗角 δ 越大，电容器的损耗也越大。损耗角大的电容不适合在高频情况下工作。

4．电容器质量优劣的简单测试

一般来说，利用指针式万用表的欧姆档，我们能简单地测出电解电容器的优劣，粗略地辨别其漏电、容量衰减或失效情况。具体方法是：选用 R×1k 或 R×100 挡，将黑表笔接电容器的正极，红表笔接电容器的负极。若表针摆动大且返回慢，返回位置接近∞，则说明该电容器正常，且电容量大；若表针摆动大，但返回时表针显示的 Ω 值较小，则说明该电容的漏电量较大；若表针摆动很大，接近于 0Ω，且不返回，则说明该电容器已被击穿；若表针不摆动，则说明该电容器已开路并失效。

该方法也适用于辨别其他类型的电容器。然而，电容器的电容量较小时，应选择万用表的 R×10k 挡进行测量。另外，需要再次测量电容器时，必须使其放电后才能进行。

若要求更精确的测量，则可用交流电桥和 Q 表（谐振法）来测量，这里不再介绍。

5．选用电容器的常识

（1）电容器在装接前应进行测量，看其是否短路、断路或漏电严重，并在装入电路时，使电容器的标记易于观察，且标记顺序一致。

（2）电路中，电容器两端的电压不能超过电容器本身的工作电压。连接时要注意正、负极性不能接反。

（3）当现有电容器与电路要求的电容量或耐压不合适时，可采用串联或并联的方法予以适应。当两个工作电压不同的电容器并联时，耐压值取决于电容量低的电容器；当两个电容量不同的电容器串联时，电容量小的电容器所承受的电压要高于电容量大的电容器。

（4）对于技术要求不同的电路，应选用不同类型的电容器。例如，谐振回路中需要介质损耗小的电容器，因此应选用高频陶瓷电容器（CC 型）和云母电容器；隔直、耦合电容可选独石、涤纶、电解电容器；低频滤波电路一般应选用电解电容器，旁路电容可选涤纶、独石、陶瓷和电解电容器。

（5）应根据电路中信号频率的高低来选择电容器。一个电容器可等效为 R、L、C 二端线性网络，如图 2.1.9 所示，不同类型电容器的等效参数 R、L、C 差异很大。等效电感大的电容器（如电解电容器）不适用于耦合、旁路高频信号；等效电阻大的电容器不适用于 Q 值要求高的振荡回路。为满足从低频到高频滤波旁路的要求，在实际电路中常将一个大容量的电解电容器与一个小容量的、适合于高频的电容器并联使用。

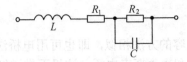

图 2.1.9　电容器的等效电路

2.1.3　电感器的简单识别与型号命名法

1. 电感器的分类

电感器一般由线圈构成。为了增加电感量 L、提高品质因素 Q 并减小体积，常在线圈中加入软磁性材料的磁心。

根据电感器的电感量是否可调，电感器分为固定电感器、可变电感器和微调电感器。

可变电感器的电感量可用磁心在线圈内移动而在较大范围内调节，它与固定电容器配合用于谐振电路中，起调谐作用。

微调电感器能满足整机调试的需要，并补偿电感器生产的分散性，一次调好后，一般不再变动。

此外，还有一些小型电感器，如色码电感器、平面电感器和集成电感器，它们可满足电子设备小型化的需要。电感器的符号如图 2.1.10 所示。

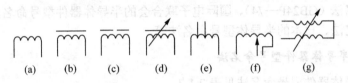

图 2.1.10　电感器的符号

2. 电感器的主要性能指标

（1）电感量（L）

电感量 L 是指电感器中通过变化电流时产生感应电动势的能力，其大小与磁导率 μ、线圈单位长度的匝数 n 和体积 V 有关。当线圈的长度远大于其直径时，电感量为

$$L = \mu n^2 V$$

电感量的常用单位为 H（亨利）、mH（毫亨）、μH（微亨）。

（2）品质因数（Q）

品质因数 Q 反映电感器传输能量的本领。Q 值越大，传输能量的本领越大，损耗越小，一般要求 $Q = 50\sim300$，品质因数 Q 的计算公式为

$$Q = \frac{\omega L}{R}$$

式中，ω 为工作角频率，L 为线圈的电感量，R 为线圈电阻。

（3）额定电流

额定电流主要是对高频电感器和大功率调谐电感器而言的。通过电感器的电流超过额定值时，电感器将发热，严重时会烧坏。

3．电感器的简单测试

测量电感的方法与测量电容的方法相似，即也可用电桥法、谐振回路法进行测量。测量电感的常用电桥有海氏电桥和麦克斯韦电桥，这里不做详细介绍。

4．选用电感器的常识

（1）选用电感器时，首先应明确其使用频率范围，铁心线圈只能用于低频；普通铁氧体线圈、空心线圈可用于高频；其次要弄清线圈的电感量。

（2）线圈是磁感应元件，它会影响周围的电感性元件。安装时一定要注意电感性元件之间的相互位置，一般应使相互靠近的电感线圈的轴线互相垂直，必要时可在电感性元件上加屏蔽罩。

2.1.4 半导体器件的简单识别与型号命名法

1．半导体器件的型号命名法

半导体二极管和三极管是组成分立元器件电子电路的核心器件。二极管具有单向导电性，可用在整流、检波、稳压、混频电路中。三极管对信号具有放大作用和开关作用。二极管和三极管的管壳上都印有规格和型号，其中的型号命名法有多种，主要有我国的半导体器件型号命名法（GB24P—74）、国际电子联合会的半导体器件型号命名法、美国的半导体器件型号命名法、日本的半导体型号命名法等。

1）我国的半导体器件型号命名法

我国的半导体器件型号命名法见表2.1.7。

表2.1.7　我国的半导体器件型号命名法

第一部分		第二部分		第三部分		第四部分	第五部分
用数字表示器件的电极数		用字母表示器件的材料和极性		用字母表示器件的类别		用数字表示器件的序号	用字母表示规格号
符号	意义	符号	意义	符号	意义	意义	意义
2	二极管	A	N型锗材料	P	普通管	反映了极限参数、直流参数和交流参数等的差别	反映了承受反向击穿电压的程度。如规格号为A，B，C，D，…，其中A承受的反向击穿电压最低，B次之……
		B	P型锗材料	V	微波管		
		C	N型硅材料	W	稳压管		
		D	P型硅材料	C	参量管		
3	三极管	A	PNP型锗材料	Z	整流管		
		B	NPN型锗材料	L	整流堆		
		C	PNP型硅材料	S	隧道管		
		D	NPN型硅材料	N	阻尼管		
		E	化合物材料	U	光电器件		
				K	开关管		

续表

第一部分	第二部分	第三部分		第四部分	第五部分
		X	低频小功率管 ($f_\alpha < 3\text{MHz}$，$P_c < 1\text{W}$)		
		G	高频小功率管 ($f_\alpha \geqslant 3\text{MHz}$，$P_c < 1\text{W}$)		
		D	低频大功率管 ($f_\alpha < 3\text{MHz}$，$P_c > 1\text{W}$)		
		A	高频大功率管 ($f_\alpha \geqslant 3\text{MHz}$，$P_c > 1\text{W}$)		
		T	半导体闸流管 （可控整流管）		
		Y	体效应器件		
		B	雪崩管		
		J	阶跃恢复管		
		CS	场效应器件		
		BT	半导体特殊器件		
		FH	复合管		
		PIN	PIN 管		
		JG	激光器件		

例如，3AX31A 的含义如下：

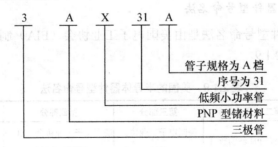

由标号可知，该三极管为 PNP 型低频小功率锗三极管。

2）国际电子联合会的半导体器件型号命名法

国际电子联合会的半导体器件型号命名法主要是由欧洲共同体根据国际电子联合会的规定而制定的命名法，详见表 2.1.8。

表 2.1.8　国际电子联合会的半导体器件型号命名法

第一部分		第二部分				第三部分		第四部分	
用字母代表制作材料		用字母代表类型及主要特性				用字母或数字表示登记序号		用字母对同型号分类	
符号	意义	符号	意义	符号	意义	符号	意义	符号	意义
A	锗材料	A	检波、开关和混频二极管	M	封闭磁路中的霍尔元件	3位数字	通用半导体器件的登记号（同一类型的器件使用同一个登记号） 专用半导体器件的登记号（同一个类型的器件使用同一登记号）	A B C D E ⋮	同一型号的器件按某个参数分档的标记
		B	变容二极管	P	光敏器件				
B	硅材料	C	低频小功率三极管	Q	发光器件				
		D	低频大功率三极管	R	小功率晶闸管				
C	砷化镓	E	隧道二极管	S	小功率开关管				
		F	高频小功率三极管	T	大功率晶闸管				
D	锑化铟	G	复合器件及其他器件	U	大功率开关管				
		H	磁敏二极管	X	倍增二极管				
E	复合材料	K	开放磁路中的霍尔元件	Y	整流二极管				
		L	高频大功率三极管	Z	稳压二极管				

例如，BC558B 表示硅材料制造的低频小功率三极管。

3）美国的半导体器件型号命名法

美国的半导体器件型号命名法是由美国电子工业协会（EIA）制定的晶体管分立器件型号命名法，详见表 2.1.9。

表 2.1.9　美国的半导体器件型号命名法

第一部分		第二部分		第三部分		第四部分		第五部分	
用符号表示用途的类别		用数字表示 PN 结的数目		美国电子工业协会（EIA）的注册标志		美国电子工业协会（EIA）的登记顺序号		用字母表示器件分档	
符号	意义	符号	意义	符号	意义	符号	意义	符号	意义
JAN 或 J	军用品	1	二极管	N	该器件已在美国电子工业协会注册登记	多位数字	该器件在美国电子工业协会登记的顺序	A B C D ⋮	同一型号的不同挡位
		2	三极管						
无	非军用品	3	三个 PN 结的器件						
		n	n 个 PN 结的器件						

例如，2N2222 表示三极管。至于它有什么用途，标识上并未明确，因此只能查参数资料。

4）日本的半导体器件型号命名法

日本的半导体器件型号命名法按照日本工业标准（JIS）规定的命名法（JIS-C-702）

命名，它由5~7部分组成，第六部分和第七部分的符号及意义通常由各公司自行规定，详见表2.1.10。

表 2.1.10　日本的半导体器件型号命名法

第一部分		第二部分		第三部分		第四部分		第五部分	
用数字表示类型和有效电极数		S 表示日本电子工业协会（EIAJ）注册产品		用字母表示器件的极性和类型		用数字表示在日本电子工业协会登记的顺序号		用字母表示对原来型号的改进产品	
符号	意义	符号	意义	符号	意义	符号	意义	符号	意义
光敏	光电（光敏）二极管、三极管及其复合管	S	表示已在日本电子工业协会注册登记的半导体分立器件	A	PNP 型高频管	4位以上的数字	用从 11 开始的数字表示在日本电子工业协会登记的顺序号，不同公司性能相同的器件可用同一顺序号，数字越大越是近期产品	A	用字母表示对原来型号的改进产品
1	二极管			B	PNP 型低频管			B	
2	三极管、具有两个以上PN 结的其他晶体管			C	NPN 型高频管			C	
				D	NPN 型低频管			D	
3	具有三个 PN 结或 4 个有效电极的晶体管			F	P 控制极晶闸管			E	
				G	N 控制极晶闸管			F	
...	......			H	N 基极单结晶体管			⋮	
				J	P 沟道场效应管				
$n-1$	具有 $n-1$ 个 PN 结或 n 个有效电极的晶体管			K	N 沟道场效应管				
				M	双向晶闸管				

2. 二极管的识别与简单测试

1）普通二极管的识别与简单测试

普通二极管一般分为玻璃封装和塑料封装两种，如图2.1.11所示。它们的外壳上均印有型号和标记。标记箭头所指向的为阴极。有的二极管上只有一个色点，有色点的一端为阳极。

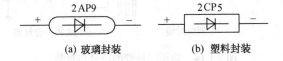

|(a) 玻璃封装　　　(b) 塑料封装|

图 2.1.11　普通二极管的封装

遇到标记不清的型号时，可以借助万用表的欧姆挡进行简单判别。万用表正端（+）的红笔接表内电池的负极，负端（−）的黑笔接表内电池的正极。根据 PN 结正向导通电阻值小、反向截止电阻值大的原理，简单确定二极管的好坏和极性。具体做法是：将万用表的欧姆挡置于 R×100 或 R×1k 处，将红、黑两表笔反过来再次接触二极管的两端，此时表头又将有一个指示。若两次指示的阻值相差很大，则说明该二极管的单向导电性好，并且阻值大（几百千欧以上）的那次，红笔所接的是二极管的阳极；若两次指示的阻值相差很小，则说明该二极管已失去单向导电性；若两次指示的阻值均很大，则说明该二极管已开路。

2）特殊二极管的识别与简单测试

特殊二极管的种类较多，这里只介绍常用的 4 种。

（1）发光二极管（LED）

发光二极管通常是用砷化镓、磷化镓等制成的一种新型器件。它具有工作电压低、耗电少、响应速度快、抗冲击、耐振动、性能好及轻而小的特点，被广泛用在单个显示电路中，或做成七段矩阵式显示器。在数字电路实验中，发光二极管常用作逻辑显示器。发光二极管的电路符号如图 2.1.12 所示。

发光二极管和普通二极管一样具有单向导电性，正向导通时才能发光，发光二极管的发光颜色有多种，如红色、绿色、黄色等，形状有圆形和长方形等。发光二极管出厂时，一根引线做得比另一根引线长。通常，较长的引线表示阳极（+），较短的引线表示阴极（−），如图 2.1.13 所示。若辨别不出引线的长短，则可用辨别普通二极管引脚的方法来辨别其阳极和阴极。发光二极管的正向工作电压一般为 1.5～3V，允许通过的电流为 2～20mA，电流的大小决定发光的亮度。电压、电流的大小依器件型号的不同而稍有差异。与 TTL 组件相连使用时，一般需要串联一个 470Ω 的降压电阻，以防止器件的损坏。

图 2.1.12　发光二极管的电路符号

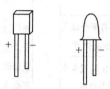

图 2.1.13　发光二极管的外形和极性

（2）稳压二极管

稳压二极管有塑料封装和金属外壳封装两种，如图 2.1.14 所示。前者的外形与普通二极管的相似，如 2CW7；后者的外形与小功率三极管的相似，但内部为双稳压二极管，其本身具有温度补偿作用，如 2CW231。

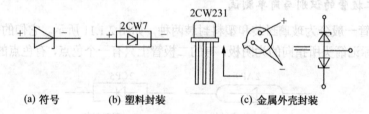

(a) 符号　　　　(b) 塑料封装　　　　(c) 金属外壳封装

图 2.1.14　稳压二极管的符号与封装

稳压二极管在电路中是反向连接的，这种接法可使稳压二极管所接电路两端的电压稳定在某个规定的电压范围内，称为稳压值。确定稳压二极管稳压值的方法有三种：

① 根据稳压二极管的型号查阅手册得知。

② 在 JT−1 型晶体管测量仪上测出其伏安特性曲线获得。

③ 通过一个简单的实验电路测得，测试稳压二极管稳压值的实验电路如图 2.1.15 所示。

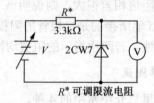

图 2.1.15　测试稳压二极管稳压值的实验电路

改变直流电源电压，使之由零开始缓慢增加，同时使用直流电压表监视稳压二极管的两端。

电压增加到某个值时，稳压二极管被反向击穿。再增大直流电源电压时，稳压二极管两端的电压不再变化，此时电压表指示的电压值就是该稳压二极管的稳压值。

（3）光电二极管

光电二极管是一种将光信号转换成电信号的半导体器件，其符号如图 2.1.16(a)所示。

光电二极管的管壳上备有一个玻璃口，以便接受光。出现光照时，光电二极管的反向电流与光照强度成正比。

光电二极管可用于光的测量。大面积的光电二极管称为光电池。

（4）变容二极管

变容二极管在电路中起可变电容的作用，其结电容随反向电压的增加而减小。变容二极管的符号如图 2.1.16(b)所示。

变容二极管主要用在高频电路中，如变容二极管调频电路。

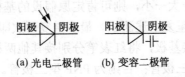

(a) 光电二极管　　(b) 变容二极管

图 2.1.16　光电二极管和变容二极管的符号

3．三极管的识别与简单测试

三极管主要有 NPN 型和 PNP 型两大类。一般来说，我们能根据三极管管壳上的标记来识别其型号与类型。例如，若三极管管壳上印的是 3DG6，则表明它是 NPN 型高频小功率硅三极管。同时，我们还能根据管壳上色点的颜色来判断三极管放大系数 β 的大致范围。以 3DG6 为例，若色点为黄色，则表示 β 的范围为 30～60；若色点为绿色，则表示 β 的范围为 50～110；若色点为蓝色，则表示 β 的范围为 90～160；若色点为白色，则表示 β 的范围为 140～200。然而，有的厂家并未遵守这一规定，因此使用时要注意。

根据管壳上的标记知道三极管的类型、型号和 β 值后，还应进一步辨别它的三个电极。

小功率三极管分为金属外壳封装和塑料封装两种。

金属外壳封装三极管的管壳上带有定位销时，管底朝上，从定位销起，按顺时针方向，三个电极依次为 e、b、c。管壳上无定位销，且三个电极在半圆内时，将有三个电极的半圆置于上方，按顺时针方向，三个电极依次为 e、b、c，如图 2.1.17(a)所示。

对于塑料外壳封装的三极管，面对平面，三个电极置于下方，从左到右的三个电极依次为 e、b、c，如图 2.1.17(b)所示。

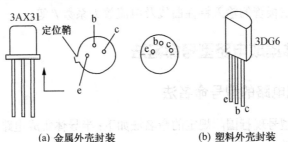

(a) 金属外壳封装　　　　　(b) 塑料外壳封装

图 2.1.17　半导体三极管电极的识别

大功率三极管的外观一般分为 F 型和 G 型两种，如图 2.1.18 所示。对于 F 型三极管，从外观上只能看到两个电极。使管底朝上，两个电极置于左侧，则上为 e 极，下为 b 极，底座为 c 极。G 型三极管的三个电极一般在管壳的顶部，使管底朝下，三个电极置于左方，从最下方的电极起，顺时针方向依次为 e、b、c。

三极管的引脚必须正确确认，否则接入电路不但不能正常工作，还可能烧坏管子。

当一个三极管没有任何标记时，我们可用万用表来初步确定该三极管的好坏及其类型（是 NPN 型还是 PNP 型），并辨别 e、b、c 三个电极。

① 先判断基极 b 和三极管的类型。将万用表的欧姆挡置于 R×100 或 R×1k 处，先假设三极管的某极为"基极"，并将黑表笔接在假设的基极上，再将红表笔先后接到其余的两个电极上，若两次测得的电阻值都很大（约为几千欧至几十千欧），或者都很小（约为几百欧至几千欧），对换表笔后测得的两个电阻值都很小（或都很大），则可确定假设的基极是正确的。若两次测得的电阻值一大一小，则可肯定原假设的基极是错误的，这时就要重新假设另一个电极为"基极"，再重复上述测试。最多重复两次即可找出真正的基极。

确定基极后，将黑表笔接基极，将红表笔分别接其他两极。此时，若测得的电阻值都很小，则该三极管为 NPN 型三极管；否则为 PNP 型三极管。

② 再判断集电极 c 和发射极 e：以 NPN 型三极管为例，把黑表笔接到假设的集电极 c 上，把红表笔接到假设的发射极 e 上，并用手捏住 b 极和 c 极（不能让 b、c 直接接触），这相当于在 b、c 之间接入偏置电阻。读出表头所示 c、e 间的电阻值，然后将红、黑两表笔反接重测。若第一次的电阻值比第二次的小，则说明原假设成立，即黑表笔所接为三极管的集电极 c，红表笔所接为三极管的发射极 e。c、e 间的电阻值小，说明通过万用表的电流大，偏值正常，如图 2.1.19 所示。

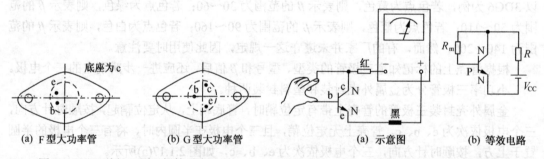

(a) F 型大功率管　　　(b) G 型大功率管　　　　　　(a) 示意图　　(b) 等效电路

图 2.1.18　F 型和 G 型三极管引脚识别　　　　图 2.1.19　判断三极管 c、e 电极原理图

以上介绍的是较为简单的测试。要想进行精确测试，可以借助于 JT-1 型晶体管图示仪，它能十分清晰地显示三极管的输入特性曲线及电流放大系数 β 等。

2.1.5　半导体集成电路型号命名法

1. 半导体集成电路的型号命名法

半导体集成电路型号现行国际规定的命名法如下：半导体集成电路型号由五部分组成，各部分的符号和意义见表 2.1.11。

表 2.1.11 半导体集成电路型号的各部分、符号和意义

第零部分		第一部分		第二部分	第三部分		第四部分	
用字母表示器件符合国家标准		用字母表示器件的类型		用阿拉伯数字和字母表示器件系列品种	用字母表示器件的工作温度范围		用字母表示器件的封装	
		T	TTL 电路				F	多层陶瓷扁平封装
		H	HTL 电路				B	塑料扁平封装
		E	ECL 电路	TTL 分为:			H	黑瓷扁平封装
		C	CMOS	54/74×××①	C	0℃～70℃	D	多层陶瓷双列直插封装
		M	存储器	54/74H×××②	G	−25℃～70℃		封装
		μ	微型机电器	54/74L×××③			I	黑瓷双列直插封装
	中	F	线性放大器	54/74S×××	L	−25℃～85℃	P	黑瓷双列直插封装
	国	W	稳压器	54/74LS×××④			S	塑料单列直插封装
C	制	D	音响、电视电路	54/74AS×××	E	−40℃～85℃	T	塑料封装
	造	B	非线性电路	54/74ALS×××			K	金属圆壳封装
		J	接口电路	54/74F×××	R	−55℃～85℃	C	金属菱形封装
		AD	A/D 变换器	CMOS 分为:			E	陶瓷芯片载体封装
		DA	D/A 变换器	4000 系列	M	−55℃～125℃	G	塑料芯片载体封装
		SC	通信专用电路	54/74HC×××		⋮		
		SS	敏感电路	54/74HCT×××			SOIC	网格针栅陈列封闭小引线封装
		SW	钟表电路	⋮			PCC	塑料芯片载体封装
		SJ	机电仪电路				LCC	陶瓷芯片载体封装
		SF	复印机电路					
		⋮						

注: ① 74: 国际通用 74 系列（民用）；54: 国际通用 54 系列（军用）；② H: 高速；③ L: 低速；④ LS: 低功耗；⑤ C: 只出现在 74 系列。

示例如下：

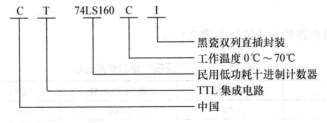

```
C  T  74LS160  C  I
```
I —— 黑瓷双列直插封装
工作温度 0℃ ～ 70℃
民用低功耗十进制计数器
TTL 集成电路
中国

2．集成电路分类

集成电路是现代电子电路的重要组成部分，它具有体积小、耗电少、工作性能好等一系列优点。

概括来说，集成电路按制造工艺，可分为半导体集成电路、薄膜集成电路和由二者组合而成的混合集成电路。

按功能，可分为模拟集成电路和数字集成电路。

按集成度，可分为小规模集成电路（SSI，集成度小于 10 个门电路）、中规模集成电路

（MSI，集成度为 10～100 个门电路）、大规模集成电路（LSI，集成度为 100～1000 个门电路），以及超大规模集成电路（VLSI，集成度大于 1000 个门电路）。

按外形，可分为圆形集成电路（金属外壳晶体管封装型，适用于大功率）、扁平形集成电路（稳定性好、体积小）和双列直插集成电路（有利于采用大规模生产技术进行焊接，因此应用广泛）。

目前，成熟的集成逻辑技术主要有三种：TTL 逻辑（晶体管-晶体管逻辑）、CMOS 逻辑（互补金属-氧化物-半导体逻辑）和 ECL 逻辑（发射极耦合逻辑）。

TTL 逻辑：TTL 逻辑于 1964 年由美国德州仪器公司生产。TTL 逻辑的发展速度快、系列产品多，有速度及功耗折中的标准型，有改进的高速标准肖特基型，有改进的高速低功耗肖特基型。所有 TTL 电路的输出、输入电平均是兼容的。该系列有两个常用的系列化产品，常用 TTL 系列产品参数见表 2.1.12。

表 2.1.12　常用 TTL 系列产品参数

TTL 系列	工作环境温度	电源电压范围
军用 54×××	−55℃～+125℃	+4.5V～+5.5V
工业用 74×××	0℃～+75℃	+4.75V～+5.25V

CMOS 逻辑：CMOS 逻辑的特点是功耗低，工作电源电压范围较宽，速度快（可达 7MHz）。CMOS 逻辑的 CC4000 系列有两类产品，其参数见表 2.1.13。

表 2.1.13　CC4000 系列产品参数

CMOS 系列	封装	温度范围	电源电压范围
CC4000	陶瓷	−55℃～+125℃	+3V～+12V
CC4000	塑料	−40℃～+85℃	+3V～+12V

ECL 逻辑：ECL 逻辑的最大特点是工作速度快。因为在 ECL 电路中数字逻辑电路形式采用非饱和型，消除了三极管的存储时间，大大加快了工作速度。MECL I 系列产品是由美国摩托罗拉公司于 1962 年生产的，后来又生产了改进型 MECL II、MECL III 和 MECL10000。

以上几种逻辑电路的参数比较见表 2.1.14。

表 2.1.14　几种逻辑电路的参数比较

电路种类	工作电压	每个门的功耗	门延时	扇出系列
TTL 标准	+5V	10mW	10ns	10
TTL 标准肖特基	+5V	20mW	3ns	10
TTL 低功耗肖特基	+5V	2mW	10ns	10
BCL 标准	−5.2V	25mW	2ns	10
ECL 高速	−5.2V	40mW	0.75ns	10
CMOS	+5V～+15V	μW 级	ns 级	50

3. 封装形式

半导体集成电路的封装形式多种多样，按封装材料大致可分为金属、陶瓷、塑料封装。

常见半导体集成电路的封装形式如图 2.1.20 所示，如金属封装的 T 形或 K 形，塑料和陶瓷封装的扁平形和双列直插形。

图 2.1.20 常见半导体集成电路的封装形式

2.2 装配工具及使用方法

装配、焊接是电子设计制作中最重要的环节，它们关系到作品的成功与否及性能指标的优劣。

2.2.1 装配工具

1. 电烙铁

电烙铁是焊接的主要工具，其作用是把电能转换成热能，以便对焊点部位进行加热，同时熔化焊锡，使焊锡润湿被焊金属形成合金，冷却后被焊元器件通过焊点牢固地连接。

电烙铁的类型与结构主要有内热式电烙铁、外热式电烙铁、吸锡器电烙铁和恒温式电烙铁等类型。

烙铁头采用热传导性好的、以铜为基体的合金材料制成，例如铜-锑、铜-铍、铜-铬-锰及铜-镍-铬等铜合金材料。普通铜质烙铁头在连续使用后，其作业面会变得不平，需用锉刀锉平。即使新烙铁头在使用前，也要用锉刀去掉烙铁头表面的氧化物，然后再接通电源，待烙铁头加热到颜色发紫时，再用含松香的焊锡丝摩擦烙铁头，使烙铁头挂上一层薄锡。

注意，对于表层镀有合金层的烙铁头，不能采用上述方法，只能用湿棉布等去掉烙铁头表层的氧化物。

使用电烙铁时，应注意如下几点：

① 电烙铁使用前要检查电源线是否损坏，烙铁头是否与电源引线间连接。通电后应用试电笔检查烙铁头是否漏电。

② 根据焊接对象合理使用不同类型的烙铁头，焊接印制电路板常采用圆锥形烙头。

③ 使用过程中不要任意敲击电烙铁头，以免损坏。内热式电烙铁连接杆管壁厚度仅为0.2mm，不能用钳子夹，以免损坏。内热式电烙铁头不能用锉刀锉，在使用过程中应经常维护，保证烙铁头挂上一层薄锡。当烙铁头上有杂物时，要用湿润的耐高温海绵或棉布擦拭。

④ 使用烙铁时，不要向外甩锡，以免伤到皮肤和眼睛。

⑤ 新烙铁头应首先上锡。

⑥ 应根据不同焊接件选用不同功率的烙铁，焊接印制板时常选用 20W 的电烙铁。

⑦ 对于吸锡电烙铁，使用后要马上压挤活塞以清理内部的残留物，以免堵塞。

2．尖嘴钳

尖嘴钳的头部较细，其作用是夹住小型金属零件、元器件引脚。

3．剪线钳

剪线钳的刀口较锋利，主要用来剪切导线和元器件多余的引脚。

4．镊子

镊子的作用是弯曲较小元器件的引脚，摄取微小器件以便焊接。

5．螺丝刀

螺丝刀有"一"字式和"十"字式两种，采用金属材料或非金属材料制造；它的作用是拧动螺钉及调整可调元器件的可调部分。调整电容或中周时，要选用非金属螺丝刀。

6．小刀

小刀用来刮去导线和元器件引线上的绝缘物与氧化物。

7．剥线钳

剥线钳用来剥除导线上的护套层。

2.2.2　焊接材料

焊接材料包括焊料与焊剂。

1．焊料

焊料是易熔的金属及其合金，它能使元器件的引线与印制电路板连接在一起，形成电气互连。焊料的选择对焊接质量有很大的影响。一般由锡（Sn）加入一定比例的铅和少量其他金属，制成熔点低、流动性好、对元件和导线的附着力强、机械强度高、导电性好、不易氧化、抗腐蚀性强、焊点光亮美观的焊料。

（1）焊锡的种类

常用焊锡按含锡的多少可分为 15 种，并按含锡量和杂质的化学成分，分为 S、A、B 三个等级，印制电路板的焊接一般采用 60Sn 或 63Sn。65Sn 常用于印制电路板的自动焊接（浸焊、波峰焊等）。

（2）焊锡的形状

一般手工焊接直径为 0.9～1.5mm 的焊锡丝。

2. 焊剂

根据焊接的作用不同，焊剂可分为助焊剂和阻焊剂。手工焊接主要采用助焊剂。

（1）助焊剂的作用

助焊剂的作用是采用化学方法清除焊接件表层的氧化物。

（2）助焊剂的分类

助焊剂一般分为无机助焊剂、有机助焊剂和树脂助焊剂。

用于电子设备的助焊剂应具有无腐蚀性、高绝缘性、长期稳定性、耐湿性、无毒性等特点。树脂系列的助焊剂以松香焊剂使用最广。松香可直接作为助焊剂使用。配成松香酒精溶液作为助焊剂，效果会更好。松香酒精溶液的配方如下：22%的松香、67%的无水乙醇、1%的三乙醇胺。

2.2.3　焊接工艺和方法

1. 焊接工艺

（1）焊接的要求

焊点的机械强度要足够；焊接要可靠，避免虚焊；焊点表层要光滑、清洁。

（2）焊接前的准备

元器件引线在焊接前要加工成型，元器件引线要上锡。

（3）手工焊接要点

焊接材料、焊接工具、焊接方式方法和操作者是焊接的四要素。操作者在焊接实践过程中，应用心体会，不断总结，保证每个焊点的质量。

① 焊接操作与卫生。电烙铁一般采用握笔式。焊接加热挥发出的化学物质吸入人体是有害的，因此一烙铁与鼻子的距离应至少不小于 20cm，通常以 30cm 为宜。

焊锡丝一般有两种拿法，如图 2.2.1 所示。

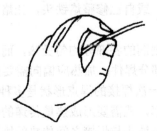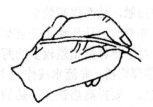

(a)连接锡焊时焊锡丝的拿法　　　　　(b)断续锡焊时焊锡丝的拿法

图 2.2.1　焊锡丝的拿法

焊锡丝成分中铅占一定的比例，铅是对人体有害的重金属，因此操作时应戴上手套或操作后洗手，避免食入。电烙铁用后一定要稳妥地放在烙铁架上，并注意导线等不要碰到电烙铁头。

② 焊接操作的基本步骤如下。

准备施焊：右手拿烙铁（烙铁头应保持干净并上锡），处于随时可施焊状态。

加热焊件：应注意加热整个焊接体，如元器件的引线和焊盘都要均匀受热。

送入焊锡丝：加热焊件达到一定温度后，焊锡丝从烙铁对面接触焊件，注意不要直接接触电烙铁头。

移开焊锡丝：当焊锡丝熔化一定量后，立即移开焊锡丝。

移开电烙铁头：焊锡浸润焊盘或焊件的施焊部位后，移开烙铁。

对于热容量低的焊件，上述过程不过 2～4s，各步步骤的时间控制、时序的准确掌握、动作的协调，应通过不断的实践用心体会。有人总结出了五步骤操作法——用数数的办法控制时间，即烙铁接触焊点后数一、二（约 2s），送入焊丝后数三、四，移开烙铁。焊丝熔化量要靠观察决定，因此五步骤操作法可以参考。然而，由于烙铁功率、焊点热容量的差别等因素，要实际掌握焊接的火候绝无定章可循，必须具体问题具体对待。

③ 焊接温度与加热时间。适当的温度对形成良好的焊点必不可少。加热时间不足会使得温度过低，造成焊料不能充分浸润焊件，形成夹渣（松香）、虚焊。过量加热，除可能造成元器件损坏外，还有如下危害和外部特征。

焊点外观变差。如果焊锡浸润焊件后还继续加热，那么会造成熔态焊锡过热，烙铁撤离时容易造成拉尖，同时会使得焊点表面颗粒粗糙、失去光泽，焊点发白。

焊接时所加松香焊剂在温度较高时容易分解而碳化（松香一般在 210℃时开始分解），失去助焊剂作用，而且夹到焊点中会造成焊接缺陷。如果发现松香已加热到发黑，那么肯定是加热时间过长所致。

印制板上的铜箔是采用黏合剂固定在基板上的。过多受热会破坏黏合剂，导致印制板上铜箔的剥落。

因此，准确掌握焊接温度和时间是优质焊接的关键。

（4）焊接操作应注意的问题

① 保持烙铁头的清洁。因为焊接时烙铁头长期处于高温状态，又接触焊剂等杂质，其表面很容易氧化并粘上一层黑色杂质，这些杂质几乎形成隔热层，使烙铁头失去加热作用。因此，要随时在烙铁架上擦去杂质。用一块湿布或湿海绵随时擦烙铁头，也是常用方法。

② 采用正确的加热方法。要靠增加接触面积加快传热，而不要用烙铁对焊件加压力。有人似乎为了焊得快一些，在加热时用烙铁头对焊件加压力，这是徒劳无益而危害不小的。它不但加速了烙铁头的损耗，而且更严重的是会对元器件造成损坏或不易觉察的隐患。正确办法应是根据焊件形状选用不同的烙铁头，或自己修整烙铁头，让烙铁头与焊件形成面接触而非点或线接触，从而提高效率。

还要注意，加热时应让焊件上需要焊锡浸润的各部分均匀受热，而不是仅加热焊件的一部分。当然，对于热容量相差较多的两个部分焊件，加热应偏向需要热量较多的部分。

③ 加热要靠焊锡桥。非流水线作业中，一次焊接的焊点形状是多种多样的，我们不可能不断更换烙铁头。要提高烙铁头加热的效率，就需要形成热量传递的焊锡桥。所谓焊锡桥，是指靠烙铁上保留少量焊锡作为加热时烙铁头与焊接之间传热的桥梁。显然，由于金属液体的导热效率远高于空气，因此会使得焊件很快被加热到焊接温度。注意，作为焊锡

桥的锡保留量不可过多。

④ 烙铁头撤离有讲究。烙铁头撤离要及时，而且撤离时的角度和方向对焊点形成有一定关系。撤烙铁时轻轻旋转一下，可为焊点保留适当的焊料。

⑤ 焊锡凝固之前不要移动或振动焊件。用镊子夹住焊件时，一定要等焊锡凝固后再移去镊子。焊锡凝固过程是结晶过程，根据结晶理论，在结晶期受到外力（焊件移动）会改变结晶条件，形成大粒结晶，焊锡迅速凝固，造成所谓的"冷焊"，其外观是表面光泽并呈豆渣状，焊点内部结构疏松，容易出现气隙和裂缝，造成焊点强度降低，导电性能差。因此，在焊锡凝固前，一定要保持焊件静止。

⑥ 焊锡量要合适。过量的焊锡会增加焊接时间，在高密度的电路中，过量的锡很容易造成不易觉察的短路，堆焊也容易造成虚焊。焊锡过少不能形成牢固结合，容易形成虚焊。

⑦ 不要用过量的焊剂。过量的松香会延长加热时间（松香熔化、挥发需要并带走热量），而当加热时间不足时，容易夹杂到焊锡中形成"夹渣"缺陷。对开关元件、插座（如IC插座）的焊接，过量的焊剂容易留到触点处，造成接触不良。

⑧ 不要用烙铁头作为运载焊料的工具。烙铁头的温度一般约为300℃，用烙铁头粘上焊锡去焊接，容易造成焊料的氧化和焊剂的挥发。

2．典型焊接方法及工艺

（1）印制电路板的焊接

印制电路板在焊接之前要仔细检查，检查印制电路板有无断路、短路、孔金属化不良及是否涂有助焊剂或阻焊剂等。

焊接前，要对印制板上的所有元器件做好焊接前的准备工作（整形、镀锡）。焊接时，要根据元器件的高度，先焊高度较低的元器件，后焊高度较大的元器件，次序是电阻→电容→二极管→三极管→其他元器件等。然而，根据印制板上元器件的特点，有时也可先焊高度较大的元器件，后焊高度较低的元件，使所有元器件的高度不超过最高元器件的高度，保证焊好元器件的印制电路板上元器件排列整齐，并占据最少的空间。不论哪种焊接工序，印制板上的元器件都要排列整齐，同类元器件的高度要保持一致。

三极管的装焊一般要在其他元器件焊好后进行，要特别注意的是，每个三极管的焊接时间不要超过5～10s，并使用钳子或镊子夹住引脚散热，防止烫坏三极管。

焊接结束后，要检查有无漏焊、虚焊现象。检查时，可用镊子轻提一下每个元器件的引脚，看是否会摇动，若摇动则应重新焊好。

（2）集成电路的焊接

静电和过热容易损坏集成电路，因此在焊接时必须非常小心。

集成电路的焊接有两种方式：一种是将集成块直接与印制板焊接；另一种是通过专用插座（IC插座）在印制板上焊接，然后将集成块直接插入IC插座。电子设计竞赛时，建议采用IC插座方式。

在焊接集成电路时，应注意如下事项：

① 集成电路引线如果是镀金银处理的，那么不要用刀刮，只需用酒精擦拭或用绘图橡皮擦干净即可。

② 对MOS电路，如果事先已将各引线短路，那么焊前不要拿掉短路线。

③ 在保证焊接质量的前提下，焊接时间应尽可能短，每个焊点最好在3s内焊好，最

多不超过 4s，连续焊接时间不要超过 10s。

④ 使用的电烙铁最好是功率为 20W 的内热式电烙铁，接地线应保证接触良好。若用外热式电烙铁，则要使电烙铁断电，用余热焊接，必要时还要采用人体接地的措施。

⑤ 使用低熔点焊剂，一般不要高于 150℃。

⑥ 工作台上如果铺有橡皮、塑料等易于积累静电的材料，那么集成电路等器件及印制板等不宜放在台面上。

⑦ 集成电路若不使用插座，则直接焊到印制板上，安全焊接顺序为地端→输出端→电源端→输入端。注意集成电路的引脚方向，不要装反了。

⑧ 焊接集成电路插座时，必须按集成块的引线排图，以便焊好每个点。

（3）有机材料塑料元器件接点焊接

各种有机材料，包括有机玻璃、聚氯乙烯、聚乙烯、酚醛树脂等，现已被广泛用于电子元器件的制作中，如各种开关、插接件等，这些元器件都是采用热铸塑方式制成的。它们最大的缺点是不能承受高温。当对铸塑在有机材料中的导体接点施焊时，如不注意控制加热时间，极易造成塑性变形，导致元件失效或降低性能，造成隐性故障。

① 在元器件预处理时，尽量清理好接点焊接部分，力争一次镀锡成功，不要反复镀锡，尤其是在将元器件在锡锅中浸镀时，更要掌握好浸入深度及时间。

② 焊接时烙铁头要修整得尖一些，以便焊接一个接点时不会碰到相邻的接点。

③ 镀锡及焊接时所加助焊剂的量要少，防止浸入电接触点。

④ 烙铁头在任何方向均不要对接线片施加压力。

⑤ 时间要短一些，焊后不要在塑壳未冷前对焊点做牢固性试验。

（4）继电器、波断开关类元器件接点焊接

继电器、波断开关类元器件的共同特点是，在簧片制造时加预应力，使之产生适应弹力，保证电接触性能。如果安装施焊过程中对簧片施加外力，那么易破坏接触点的弹力，造成元器件失效。如果装焊不当，那么容易造成如下问题。

① 装配时如对触片施加压力，造成塑性变形，开关失效。

② 焊接时对焊点用烙铁施加压力，造成静触片变形。

③ 焊锡过多，流到铆钉右侧，造成静触片弹力变化，开关失效。

④ 安装过紧，变形。

（5）导线焊接技术

① 导线与接线端子的焊接有三种基本形式：绕焊、钩焊、搭焊。

绕焊：把经过镀锡的导线端头在接线端子上绕一圈，用钳子拉紧缠牢后进行焊接。注意导线一定要紧贴端子表面，绝缘层不接触端子，导线绝缘皮与焊面之间的合适距离一般为 1~3mm。

钩焊：将导线端子弯成钩形，钩在接线端子上并用钳子夹紧后施焊，端头处理与绕焊相同。这种方法的强度低于绕焊，但操作简便。

搭焊：把经过镀锡的线搭到接线端子上施焊。这种连接最方便，但强度可靠性最差。

② 导线与导线之间的焊接以绕焊为主，操作步骤如下。先去掉一定长度的绝缘皮，再给端头上锡，并套上合适的套管。然后绞合，施焊；最后趁热套上套管，冷却后将套管固定在接头处。

对调试或维修中的临时线，也可采用搭焊的办法。只是这种接头强度和可靠性都较差，不能用于生产中的导线焊接。

③ 继电器、波断开关类元器件的焊接方法。为了使元器件或导线在继电器、波断开关类元器件的焊片上焊牢，需要将导线插入焊片孔内绕住，然后再用电烙铁焊好，不应搭焊。如果焊片上焊的是多股导线，那么最好用套管将焊点套上，这样做既能保护焊点不易和其他部位短路，又能保护多股导线不易散开。

3．焊点的质量检查

（1）外观检查

外观检查除目测（或借助放大镜、显微镜观测）焊点是否合乎要求外，还要检查是否存在漏焊、焊料拉尖现象。焊料会引起导线之间的短路、导线及元器件绝缘的损伤等。检查时，除目测外，还要用镊子拨动、拉线等，检查有无导线短路、焊盘剥离等缺陷。

（2）通电检查

注意，通电检查必须在外观检查、连线检查、电源部分是否短路检查（采用三用表检查）无误之后才可进行，也是检查电路的关键步骤。如果不经过严格的外观检查，那么通电检查不仅困难较多，而且有损坏设备仪器和造成安全事故的危险。

2.3　印制电路板的设计与制作

印制电路板是电子元器件的载体，在电子产品中既起到支撑与固定元器件的作用，又起到元器件之间的电气连接作用，任何一种电子设备几乎都离不开印制电路板。随着电子技术的发展，制板技术也在不断进步。

制板技术通常包括电路板的设计、选材、加工处理三部分，其中任何一个环节出现差错都会导致电路板制作失败。因此，掌握制板技术对于从事电子设计的工作者来说很有必要，特别是对本科生来说，掌握手工制板技术后就能在实验室把自己的创造灵感迅速变成电子作品。

2.3.1　印制电路板设计

印制电路板设计是电子设计制作的关键一步。印制电路板设计软件目前主要有 Protel 99 和 OrCAD 等。

1．设计步骤

① 设计好电路原理图。
② 根据设计的原理图准备好所需的元器件。
③ 根据实物对原理图中的元器件进行制作或调用封装形式。
④ 形成网络表连接文件。
⑤ 在 PCB 设计环境中，规划电路板的大小、板层数量等。
⑥ 调用网络表连接文件，并布局元器件的位置（自动布局和手工布局）。
⑦ 设置好自动布线规划，并自动布线。
⑧ 形成第二个网络表连接文件，并比较两个网络表连接文件,若相同则说明没有问题,否则要查找原因。

⑨ 手工布线并优化处理。

⑩ 输出 PCB 文件并制板。

2. 设计电路板时应该注意的问题

① 注意元器件的位置安排要满足散热条件。

② 注意数字地和模拟地要分开。

③ 制作双面电路板时，由于是手工制作电路板，不可能进行过孔金属化，所以在制板时要尽量减少电路板层之间的过孔，不能用电阻、电容、二极管、三极管等引脚实现过孔，也不能用集成电路的引脚实现过孔。使用双列直插集成电路时，与集成电路相连的敷铜线应全部放在电路板的底层。

④ 高阻抗、高灵敏度、低漂移的模拟电路、高速数字电路、高频电路的印制电路板设计需要专门的知识与技巧，因此需要参考有关资料。

2.3.2 电路板简介

1. 电路板的种类

电路板的种类按其结构形式可分为四类：单面印制板、双面印制板、多层印制板和软印制板。四种印制板各有优劣。

单面印制板和双面印制板制造工艺简单、成本较低、维修方便，适合实验室手工制作，可满足中低档电子产品和高档产品的部分模块电路的需要，应用较为广泛，如电视主板、空调控制板等。

多层印制板安装元器件的容量较大，而且导线短、直，利于屏蔽，还可大大减少电子产品的体积。但是制造工艺复杂，对制板设备要求非常高，制作成本高且损坏后不易修复。因此，其应用仍然受限，主要应用于高档设备或对体积要求较高的便携设备，如计算机主板、显卡、手机电路板等。

软印制板包括单面板和双面板两种，其制作成本相对较高，并且由于其硬度不高，不便于固定安装和焊接大量的元器件，通常不用在电子产品的主要电路板中。但由于其特有的软度和薄度，给电子产品的设计与使用带来了很大的方便。目前，软印制板主要应用于活动电气连接场合，替代中等密度的排线（如手机显示屏排线、MP3、MP4 显示屏排线等）。

2. 电路板的基材

电路板是由电路基板和表面敷铜层组成。用于制作电路基板的材料通常简称基材。在绝缘的、厚度适中的、平板较好的板材表面上，采用工业电镀技术均匀地镀上一层铜箔后，便成了未加工的电路板，又称"敷铜板"，如图 2.3.1 所示。在敷铜板铜箔表面贴上一层薄薄的感光膜后，便成了常用的"感光板"，如图 2.3.2 所示。不论是敷铜板还是感光板，其基材的好坏都直接决定了制成电路板的硬度、绝缘性能、耐热性能等，而这些特性往往又会影响电路板的焊接与装配，甚至影响其电气性能。因此，在制作印制电路板之前，首先要根据实际需要选择由一种合适的基材制成的敷铜板或感光板。电路板的常用基材及主要特点见表 2.3.1，基材的选择依据见表 2.3.2，基材的物理特性见表 2.3.3。

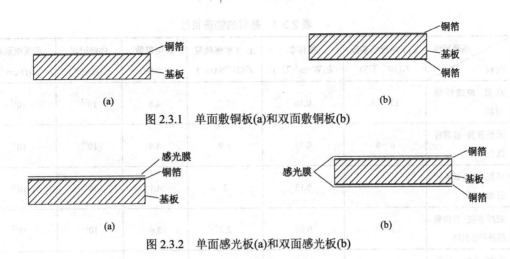

图 2.3.1　单面敷铜板(a)和双面敷铜板(b)

图 2.3.2　单面感光板(a)和双面感光板(b)

表 2.3.1　电路板的常用基材及主要特点

材料类型	主要特点
环氧-玻璃纤维材料	尺寸大小不限，重量轻，可加工性好，介电性能好。X、Y、Z方向的热膨胀系数较大，导热性能较差
环氧-芳族聚酰胺纤维材料	尺寸大小不受限，重量轻，介电性能好。X、Y方向的热膨胀系数较小，导热性差，树脂有细微裂纹，Z方向的热膨胀系数大，有吸水性
聚酰亚胺-芳族聚酰胺纤维材料	同环氧-芳族聚酰胺纤维材料
陶瓷材料	导热性好，热膨胀系数小，可采用传统的厚膜或薄膜工艺。基板尺寸受限，成本较高，难加工，易碎，介电常数大
聚酰亚胺-石英材料	尺寸大小不受限，重量轻，介电性能好。X、Y方向的热膨胀系数较小，导热性差，Z方向的热膨胀系数较大，不易钻孔，价格高，树脂含量低
玻璃纤维-芳族复合纤维材料	无表面裂纹，Z方向的热膨胀系数较小，重量轻，介电性能好。X、Y方向的热膨胀系数较大，有吸水性，导热性差
玻璃纤维-聚四氟乙烯层压材料	介电性能好，耐高温，X、Y方向的热膨胀系数大，低温下的稳定性能较差
挠性介电材料	重量轻，热膨胀系数小，柔韧性好，尺寸大小受限

表 2.3.2　基材的选择依据

材料性质 设计参数	热膨胀系数	热传导性	扩张模量	介电常数	体电阻率	表面电阻率
温度与功率循环	*	*	*			
振动			*			
机械冲击			*			
温度与湿度	*			*	*	*
功率密度		*				
芯片载体尺寸	*		*			
电路密度				*	*	*
电路速度				*	*	*

注："*"表示相关。

表 2.3.3　基材的物理特性

物理特性 材料	X、Y热膨胀系数 $E/(10^{-4}\cdot{}^\circ\!C^{-1})$	热导率 $\lambda/(W\cdot m^{-1}\cdot{}^\circ\!C^{-1})$	X、Y扩张模量 $E/(10^{-6}N\cdot cm^{-2})$	介电常数 $\varepsilon/1MHz$	体电阻率 $\rho/(\Omega\cdot cm^{-3})$	表面电阻率 $\rho/(\Omega\cdot cm^{-2})$
环氧-玻璃纤维材料	13～18	0.16	1.7	4.8	10^{12}	10^{13}
聚酰亚胺-玻璃纤维材料	6～8	0.35	1.9	4.4	10^{14}	10^{15}
环氧-芳族聚酰胺纤维材料	—	0.12	3	4.1	10^{16}	10^{16}
聚酰亚胺-芳族聚酰胺纤维材料	3～7	0.15	2.7	3.6	10^{12}	10^{12}
聚酰亚胺-石英材料	6～8	0.3	—	4	10^{9}	10^{8}
玻璃纤维-聚四氟乙烯层压材料	20	0.26	0.1	2.3	10^{10}	10^{11}
陶瓷材料（Al_2O_3）	21	1.26	1.1	3.3	10^{11}	10^{12}

　　高压电路应选择高压绝缘性能良好的电路基板；高频电路应选择高频信号损耗小的电路基板；工业环境电路应选择耐湿性能良好、漏电小的电路基板；低频、低压电路及民用电路应选择经济型电路基板。

　　实验室用的单面感光板的基板一般采用环氧-芳族聚酰胺纤维材料制成。该类型基板绝缘性较好、成本低、硬度高、合成工艺简单、耐热、耐腐蚀，尺寸通常为 15cm×10cm，但较脆、易裂，裁切时要小心操作。

　　双面感光板的基板通常为环氧-玻璃纤维材料，该类型的基板柔韧性好、硬度高、介电常数高、成本低、尺寸通常为15cm×10cm，但其导热性能较差。

2.3.3　使用 Create-SEM 高精度电路板制作仪制板

　　根据电子设计竞赛的需要，使用 Create-SEM 高精度电路板制作仪手工制作电路板的过程主要分为如下几个步骤：打印菲林纸曝光、显影、腐蚀和打孔、双面连接及表面处理。每个环节都关系到制板的成功与否，因此制作过程中必须认真、仔细。

　　Create-SEM 高精度电路制作板是美国 Vplex 公司最新研制的高科技新产品，其线径宽度最小可达 4mil （1mil = 0.0254mm），是电子设计竞赛的理想印制板制作设备。

　　电子设计竞赛中，将 PCB 图送到电路板厂制作，一般需要 2～3 天的时间，即使加快，也要 12 小时的时间，而且需要支付较高的制板费；而采用 Create-SEM 电路板制作仪仅需 1 小时就可制作出一块高精度的单/双面板，且费用低廉。当某电路板需要频繁修改并试验时，Create-SEM 电路板制作仪能以最低的成本和最快的速度满足需要。

　　Create-SEM 电路板制作仪的标准配置见表 2.3.4。

表 2.3.4 Create-SEM 电路板制作仪的标准配置

序 号	名 称	数 量	主要参数
001	UV 紫外光程电子曝光箱	1 台	最大曝光面积为 210mm×297mm
			最大曝光面积为 210mm×298mm
002	Create-MPD 高精度专用微钻	1 台	可配各种尺寸钻头（0～6mm），10100r/min
			可配各种尺寸钻头（0～6mm），10101r/min
003	Create-AEM 全自动蚀刻机	1 套	含蚀刻槽、防曝加热装置、鼓风装置
004	单面纤维感光电路板	1 块	面积为 203mm×254mm
			最大曝光面积为 210mm×297mm
005	双面纤维感光电路板	1 块	面积为 203mm×254mm
			最大曝光面积为 210mm×297mm
006	菲林纸	1 盒	面积为 210mm×297mm
			最大曝光面积为 210mm×298mm
007	三氯化铁	1 盒	400g
008	显影粉（20g）	1 包	配 400mL 水，24 小时内有效，可显影 1200cm^2
009	0.9mm 高碳钢钻头	4 支	普通直插元器件脚过孔
010	0.4mm 高碳钢钻头	4 支	过孔钻头
011	1.2mm 高碳钢钻头	2 支	钻沉铜孔专用
012	沉铜环	100 个	用作金属过孔
013	过孔针	100 个	过孔专用
014	1000mL 防腐蚀胶罐	1 个	显影药水配置专用
015	防腐冲洗盆	2 个	装三氯化铁溶液、显影药水
016	工业防腐手套	1 双	显影、腐蚀时专用
017	制板演示光盘	1 片	供使用者学习、观摩整个制板流程用
018	制板说明书	1 本	说明全套制板流程及各项注意事宜

Create-SEM 电路板制作仪由长沙科瑞特电子有限公司提供（http://www.hncreat.com）。

1. 打印菲林纸

打印菲林纸是整个电路板制作过程中至关重要的一步，建议用激光打印机打印，以确保打印出的电路图清晰。制作双面板时需要分两层打印，而制作单面板时只需要打印一层。由于单面板比双面板制作简单，因此下面以打印双面板为例，介绍整个打印过程。

（1）修改 PCB 图

在 PCB 图的顶层和底层分别画上边框，边框大小和位置要求相同（即上下层边框重合，以替代原来 KeepOutLay 层的边框），以保证曝光时上下层能对准。

为保证电路板铜箔的大小适中，钻孔的小偏移不影响电路板，建议将一般接插器件的外径设置为 72mil 以上，内径设置为 20mil 以下（内径宜小不宜大，电路板实际内径大小由钻头决定，此内径设置得小可确保钻头定位更准确）。对于过孔，建议将外径设置为 50mil，内径设置为 20mil 以下。

（2）设置及打印

① 选择正确的打印类型。以 HP1000 打印机为例，首先设置打印机，单击 File 下拉菜单中 Setup Printer 项，出现如图 2.2.3 所示的界面，按图示选择正确的打印类型。

② 单击Options按钮，出现如图2.3.4所示的界面，按图示设置好打印尺寸，特别要注意设置成1：1的打印方式，且要选择中Show Hole。

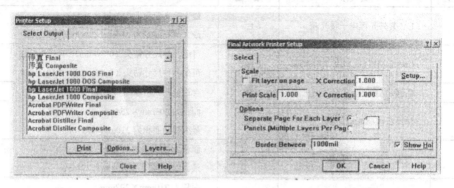

图2.3.3　打印机选择　　　　　　图2.3.4　打印尺寸设置

③ 设置顶层打印。单击图2.3.3中的Layers按钮，出现如图2.3.5所示的界面，按图示进行设置。

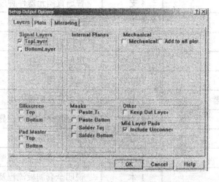

图2.3.5　设置顶层打印

④ 注意，顶层需要镜像。单击图2.3.5中的Mirroring选项卡，出现如图2.3.6所示的界面，按图示进行设置，然后单击OK按钮退出顶层设置，回到图2.3.3所示的界面，单击Print按钮，开始打印顶层。

⑤ 设置底层打印。类似于设置顶层打印，单击图2.3.3中的Layers按钮，出现如图2.3.7所示的界面，按图示进行设置（注意底层不要镜像），单击OK按钮退出底层设置，返回到图2.3.3所示的界面，单击Print按钮，开始打印顶层。

⑥ 打印。为防止浪费菲林纸，可以先用普通纸进行打印测试，确保打印正确无误后，再用菲林纸打印。

1）曝光

先从双面感光板上锯下一块比菲林纸电路图边框线大5mm的感光板，然后用锉刀将感光板边缘的毛刺锉平，将锉好的感光板放入菲林纸夹层测试一下位置，以感光板覆盖菲林纸电路图边框线为宜。

测试正确后，取出感光板，将其两面的白色保护膜撕掉，然后将感光板放入菲林纸中间的夹层。菲林纸电路图框线的周边要有感光板覆盖，以使线路在感光板上完整曝光。

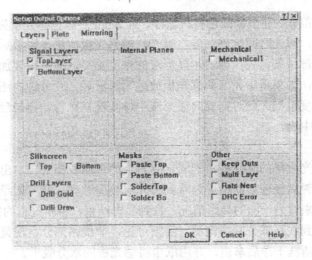

图 2.3.6 顶层镜像设置

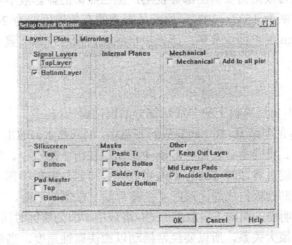

图 2.3.7 底层打印设置

在菲林纸两边的空白处需要贴上透明胶，以固定菲林纸和感光板。贴透明胶时一定要贴在板框线外。打开曝光后，将要曝光的一面对准光源，曝光时间设为 1min，按下 Start 键，开始曝光。当一面曝光完毕后，打开曝光箱，将感光板翻过来，按下 Start 键曝光另一面，同样，设置曝光板时间为 1min。

2）显影

（1）配置显影液

按显影粉与水的比例为 1∶20 来配置显影液。以 20g/包的显影粉为例，向 1000mL 防腐胶罐内倒入少量温水（水温以 30℃～40℃为宜），拆开显影粉的包装，将整包显影粉倒入温水中，用胶盖盖好，上下摇动，使显影粉在温水中均匀溶解，再向胶罐中掺入自来水，加到 450mL 为止，盖好胶盖，摇匀即可。

（2）试板

试板的目的是测试感光板的曝光时间是否准确及显影液的浓度是否适合。将配好的显影液倒入显影盆，并将曝光完毕的小块感光板放入显影液，感光层向上。如果放入半分钟后感光层腐蚀了一部分，并呈墨绿色雾状漂浮，且 2min 后绿色感光层完全腐蚀完，那么证明显影液浓度适合，曝光时间准确。若将曝光好的感光板放进显影液后，线路立刻显现，几分钟后部分或全部线条消失，则表示显影液的浓度偏高，此时需要加一些清水，盖好盖后摇匀再试。反之，如果将曝光好的感光板放进显影液后，几分钟内还不见线路显现，那么表示显影液的浓度偏低，此时需要向显影液中加几粒显影粉，摇匀后再试。反复几次，直到显影液浓度适中为止。

（3）显影

取出两面已曝光完毕的感光板，把固定感光板的透明胶撕去，拿出感光板并放进显影液中显影。约半分钟后轻轻摇动，可以看到感光层被腐蚀完，并有墨绿色雾状漂浮。当这面显影好后，翻过来看另一面的显影情况，直到显影结束，整个过程约需 2min。当两面完全显影后，可以看到线路部分圆滑饱满、清晰可见，非线路部分呈现黄色铜箔。最后把感光板放到清水中，清洗干净后拿出，并用纸巾将感光板的水分吸干。

调配好的显影液可根据需要倒出部分使用，但已显影的显影液不可再倒回原液中。

显影液的温度控制为 15℃～30℃。原配显影液的有效使用期为 24h。20g 显影剂大约可供 8 片 10cm×15cm 的单面板显影。感光板自制造日期起，每放置 6 个月，显影液的浓度需增加 20%。

3）腐蚀

腐蚀是指用 $FeCl_3$ 将线路板上的非线路部分的铜箔腐蚀掉。

首先，打开 $FeCl_3$ 的包装盒，将 $FeCl_3$ 放到胶盘中，倒入热水，$FeCl_3$ 与水的比例为 1∶1，热水的温度越高越好。将胶盘拿起摇晃，让 $FeCl_3$ 尽快溶于热水中。为防止线路板与胶盘摩擦而损坏感光层，避免腐蚀时 $FeCl_3$ 溶液不能充分接触线路板中部，可将透明胶的粘贴面向外，折成圆柱状贴到板框线外，最好 4 个脚都贴上以保持平衡。

其次，把贴有透明胶的面向下，放进 $FeCl_3$ 溶液中。因为腐蚀时间与 $FeCl_3$ 的浓度、温度及是否经常摇动有很大关系，所以要经常摇动以加快腐蚀速度。当线路板两面非线路部分的铜箔被腐蚀掉后，拿出线路析，这时可以看到线路部分在绿色感光层的保护下留了下来，非线路部分则全部被腐蚀掉。腐蚀过程全部完成约需 20min。

最后把电路板放到清水中，待清洗干净后，拿出并用纸巾将水分吸干。

4）打孔

首先选择好合适的钻头。以钻普通接插件孔为例，选择 0.9mm 的钻头。安装好钻头后，将电路板平放在钻床平台上，接通钻床电源，将钻头压杆慢慢往下压，同时调整电路板的位置，使钻孔中心点对准钻头，按住电路板不放，压下钻头压杆，这样就打好了一个孔。提起钻头压杆，移动电路板，调整电路板其他钻孔的中心位置，以便钻其他孔。注意，此时钻孔为同型号。对于其他型号的孔，选择相应规格的钻头后，按上述方法钻孔。

打孔前，最好不要将感光板上残留的保护膜去掉，以防止电路板被氧化。

对于不需要用沉铜环的孔，选用 0.9mm 的钻头；对于需要沉铜环的孔，选用 1.2mm 的钻头；对于过孔，选用 0.4mm 的钻头。

5）穿孔

穿孔有两种方法：可使用穿孔线，也可使用过孔针。使用穿孔线时，将金属线穿入过孔中，在电路板正面用焊锡焊好，并将剩余的金属线剪断；接着穿另一个过孔，待所有过孔都穿完、正面都焊好后，翻过电路板，把背面的金属线也焊好。

使用过孔针更简单，只需从正面将过孔针插入过孔，在正面用焊锡焊好，待所有过孔都插好过孔针并焊好后，再在背面焊好。

6）沉铜

穿孔也可采用沉铜技术。沉铜技术成功地解决了普通电路板设备不能制作双面板的问题。沉铜技术替代了金属化孔这一复杂的工艺流程，使得我们手工就能成功地制作双面板。

沉铜时，先用尖镊子插入沉铜环带头的一端，再将其从电路板正面插入电路板插孔；用同样的方法将所有插孔都插好沉铜环，然后从正面将沉铜环边缘与插孔周边的铜箔焊接好，注意不要把锡弄到铜孔内。将正面沉铜环焊好后，整个电路板就制作好了，背面的铜环边缘留到焊接器件时焊接。

7）表面处理

完成电路板的过孔及沉铜后，需要处理印制电路板的表面。

（1）用天那水洗掉感光板上残留的保护膜，再用纸巾擦干，以方便元器件的焊接。

（2）在焊接元器件前，先用松节油清洗一遍电路板。

（3）焊接元器件后，可用光油覆盖电路板上裸露的线路部分，以防止氧化。

第③章
基本单元电路的设计与制作

内容提要

本章介绍基本单元电路的设计与制作，内容包括集成直流稳压电源、运算放大器电路、信号产生电路、信号处理电路、声音报警电路、传感器及其应用电路。

3.1 集成直流稳压电源

直流稳压电源是电子设备的能源电路，它关系到整个电路设计的稳定性和可靠性，是电路设计的关键环节。本节重点介绍由三端固定式（正、负压）集成稳压器、三端可调式（正、负压）集成稳压器及 DC-DC 电路等组成的典型电路设计。

3.1.1 直流稳压电源的基本原理

直流稳压电源电路一般由变压器、整流电路、滤波电路和稳压电路组成，如图 3.1.1 所示。

图 3.1.1 直流稳压电源电路的基本组成框图

变压器的作用是将电网 220V 的交流电压变成整流电路所需的电压 U_1。

整流电路的作用是将交流电压 U_1 变换成脉动直流电压 U_2，主要有半波整流方式和全波整流方式，可由整流二极管构成整流桥堆来执行，常见的整流二极管有 1N4007、1N5148 等，桥堆有 RS210 等。滤波电路的作用是滤除脉动直流电压 U_2 中的纹波，将其变换成波纹较小的电压 U_3，常见的电路有 RC 滤波、LC 滤波、Π形滤波等，常用 RC 滤波电路。各电压之间的关系为

$$U_i = nU_1$$

式中，n 为变压器的变比。

$$U_2 = (1.1 \sim 1.2)U_1$$

每个二极管或桥堆所承受的最大反向电压为

$$U_{RM} = \sqrt{2}U_1$$

对于桥式直流电路，每个二极管的平均电流为

$$I_{D(AV)} = \frac{1}{2}I_R = \frac{0.45U_1}{R}$$

RC 滤波电路中，C 的选择应满足下式，即 RC 放电时间常数应满足

$$RC = (3 \sim 5)T/2$$

式中，T 为输入交流信号的周期，R 为整流滤波电路的等效负载电阻。稳压电路的作用是稳定滤波电路输出的电压。常见的稳压电路有三端稳压器、串联式稳压电路等。

常见的整流滤波电路如图 3.1.2 所示，其中图 3.1.2(a)所示为全波整流电路，图 3.1.2(b)所示为桥式整流滤波、图 3.1.2(c)所示为倍压整流滤波电路。

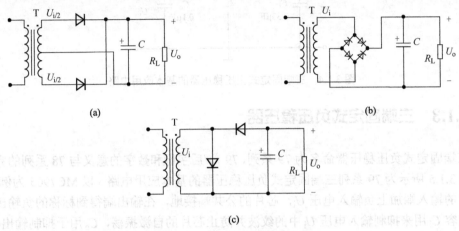

图 3.1.2 常见的整流滤波电路

3.1.2 三端固定式正压稳压器

国内外各厂家生产的三端（电压输入端、电压输出端、公共接地端）固定式正压稳压器均命名为 78 系列，该系列稳压器有过流、过热和调整管安全工作保护，以防过载而损坏。其中 78 后面的数字代表稳压器输出的正电压数值(一般有 05V, 06V, 08V, 09V, 10V, 12V, 15V, 18V, 24V 九种输出电压)，各厂家在 78 前面冠以不同的英文字母代号。78 系列稳压器的最大输出电流有 100mA、500mA、1.5A 三种，以插入 78 和电压数字之间的字母来表示，插入字母 L 表示 100mA，插入字母 M 表示 500mA，不插入字母则表示 1.5 A。此外，78（L/M）××后面往往还附有表示输出电压容差和封装外壳类型的字母。常见的封装形式有 TO-3 金属和 TO-220 的塑料封装，如图 3.1.3 所示。金属封装形式的输出电流可达 5A。

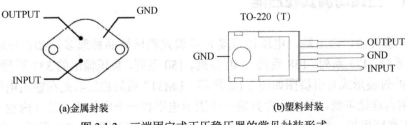

图 3.1.3 三端固定式正压稳压器的常见封装形式

三端固定式正压稳压器的基本应用电路如图 3.1.4 所示。只要把正输入电压 U_i 加到 MC7805 的输入端，把 MC7805 的公共端接地，其输出端便能输出芯片标称正电压 U_o。在实际应用电路中，芯片输入端和输出端与地之间除分别接大容量滤波电容外，通常还需在芯片引出脚的根部接小容量（0.1～10μF）电容 C_i、C_o 到地。C_i 用于抑制芯片的自激振荡，C_o 用于调窄芯片的高频带宽，减小高频噪声。C_i 和 C_o 的具体取值应随芯片输出电压的高低及应用电路方式的不同而异。

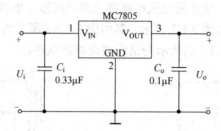

图 3.1.4　三端固定式正压稳压器的基本应用电路

3.1.3　三端固定式负压稳压器

三端固定式负压稳压器命名为 79 系列，79 前/后字母和数字的意义与 78 系列的完全相同。图 3.1.5 所示为 79 系列三端固定式负压稳压器的基本应用电路（以 MC7905 为例）。图中芯片的输入端加上负输入电压 U_i，芯片的公共端接地，在输出端得到标称的负输出电压 U_o。电容 C_i 用来抑制输入电压 U_i 中的纹波并防止芯片的自激振荡，C_o 用于抑制输出噪声。VD 为大电流保护二极管，防止在输入端偶然短路到地时，输出端大电容上存储的电压反极性加到输出端与输入端之间而损坏芯片。

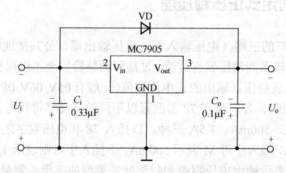

图 3.1.5　三端固定式负压稳压器的基本应用电路

3.1.4　三端可调式稳压器

三端（输入端、输出端、电压调节端）可调式稳压器品种繁多，如正压输出的 317（217/117）系列、123 系列、138 系列、140 系列、150 系列，负压输出的 337 系列等。LM317 和 LM337 的封装形式与引脚图如图 3.1.6 所示。LM317 系列稳压器能在输出电压为 1.25～37V 的范围内连续可调，外接元件只需一个固定电阻和一个电位器，芯片内也有过流、过热和安全工作区保护，最大输出电流为 1.5A，其典型电路如图 3.1.7(a)所示。电阻 R_1 与电

位器 R_P 组成电压输出调节电位器，输出电压 U_o 的表达式为

$$U_o = 1.25(1 + R_P/R_1)$$

式中，R_1 一般取值为 $120\sim240\Omega$，流经电阻 R_1 的泄放电流为 $5\sim10mA$；R_P 为电位器阻值。

与 LM317 系列相比，负压输出的 LM337 系列除输出电压极性、引脚定义不同外，其他特点都相同，典型电路如图 3.1.7(b)所示。

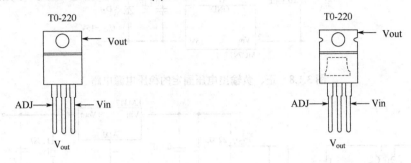

(a)LM317 塑料封装形式　　　　　　　　(b)LM337 塑料封装形式

图 3.1.6　LM317 和 LM337 的封装形式与引脚图

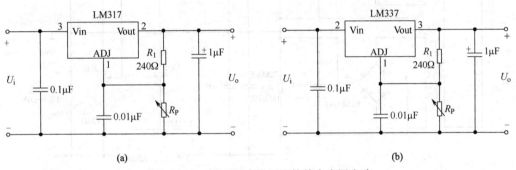

图 3.1.7　三端可调式稳压器的基本应用电路

3.1.5　正、负输出稳压电源

正负输出稳压电源能同时输出两组数值相同、极性相反的恒定电压。

图 3.1.8 所示为正、负输出电压固定的稳压电源电路，它由输出电压极性不同的两个集成稳压器 MC7815 和 MC7915 构成。两个芯片的输入端分别加上 ±20V 的输入电压，输出端便能输出 ±15V 的电压，输出电流为 1A。图中 VD_1、VD_2 为集成稳压器的保护二极管。当负载接在两个输出端之间时，如果工作过程中某一芯片的输入电压断开而没有输出，那么另一芯片的输出电压降通过负载施加到没有输出的芯片输出端，造成芯片的损坏。接入的 VD_1 和 VD_2 起钳位作用，以保护芯片。

图 3.1.9 显示了由 LM317 和 LM337 组成的正、负输出电压可调稳压电源电路，输出电压的调节范围为 ±1.2V～±20V，输出电流为 1A。

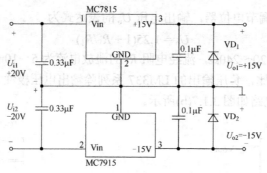

图 3.1.8　正、负输出电压固定的稳压电源电路

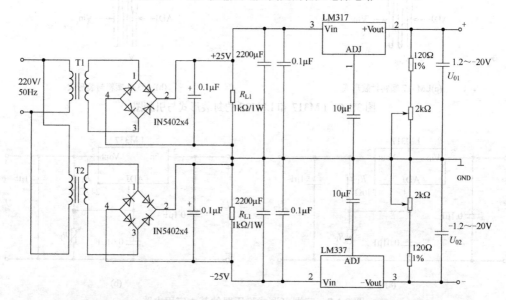

图 3.1.9　由 LM317 和 LM337 组成的正、负输出电压可调稳压电源电路

3.1.6　斩波调压电源电路

MC33063A/MC34063A/MC35063A 是单片 DC/DC 变换器控制电路，只需配用少量的外部元件，就可组成升压、降压、电压反转 DC/DC 变换器。该系列变换器的电压输入范围为 3～40V，输出电压可以调整，输出开关电流可达 1.5A，工作频率可达 100kHz，内部参考电压精度为 2%。该系列电路还有限流功能。以下是 MC34063A 的几种使用方法。

图 3.1.10 所示为 MC34063A 的内部电路结构，它由带温度补偿的参考电压源（1.25V）、比较器、能有效限制电流及控制工作周期的振荡器、驱动器及大电流输出开关等组成。主要参数如下：电源电压为 40V；比较器的输入电压范围为−0.3～+40V（直流）；开关发射极电压为 40V（直流）；开关集电极电压为 40V（直流）；驱动集电极电流为 100mA；开关电流为 1.5A。

图 3.1.11 所示为由 MC34063A 组成的升压式 DC/DC 变换器电路。电路的输入电压为 +12V，输出电压为+28V，输出电流可达 175mA。电路中电阻 R_{sc} 的作用是检测电流，其产生的信号用来控制芯片内部的振荡器，达到限制电流的目的。输出电压经过由 R_1、R_2 组成的分压器，输入比较器的反相端，以保证输出电压的稳定性。该电路的效率可达 89.2%；需要时，该电路加入扩流管后，输出电流可达 1.5A 以上。

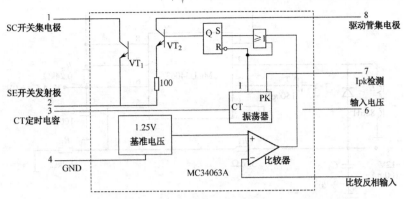

图 3.1.10 MC34063A 的内部电路结构

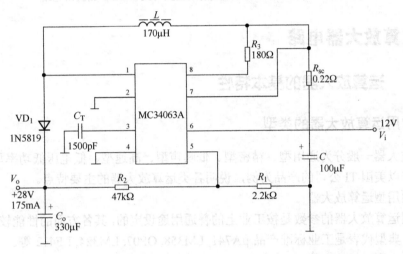

图 3.1.11 由 MC34063A 组成的升压式 DC/DC 变换器电路

图 3.1.12 所示为由 MC34063A 组成的降压式 DC/DC 变换器电路。电路的输入电压为 25V，输出电压为 5V，输出电流为 500mA。电路将 1、8 脚连接起来组成达林顿驱动电路，如果外接扩流管，那么可把输出电流增加到 1.5A。当电路中的电阻 R_{sc} 选择 0.1Ω 时，其限制电流为 1.1A。本电路的效率为 82.5%。图 3.1.13 所示为由 MC34063A 组成的电压反转式 DC/DC 变换器电路，电路的输入电压为 4.5~6.0V，输出电压为-12V，输出电流为 100mA。该电路的限制电流为 910mA；外接扩流管后，可将输出电流增加到 1.5A 以上；电路效率为 64.5%。

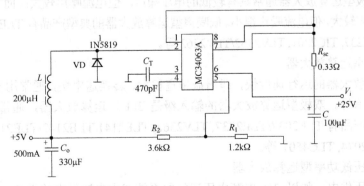

图 3.1.12 由 MC34063A 组成的降压式 DC/DC 变换器电路

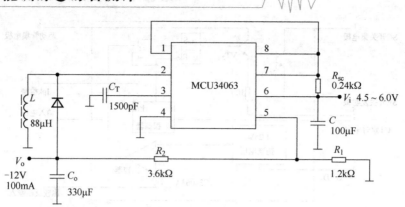

图 3.1.13　由 MC34063A 组成的电压反转式 DC/DC 变换器电路

3.2　运算放大器电路

3.2.1　运算放大器的基本特性

1. 常用运算放大器的类型

运算放大器一般分为通用型、精密型、低噪声型、高速型、低电压低功率型、单电源型等。本节以美国 TI 公司的产品为例，说明各类运算放大器的主要特点。

（1）通用型运算放大器

通用型运算放大器的参数是按工业上的普通用途设定的，其各方面的性能较差或中等，价格低廉，典型代表是工业标准产品 μA741, LM358, OP07, LM324, LF412 等。

（2）精密型运算放大器

要求运算放大器具有很好的精确度，特别是对输入失调电压 U_{IO}、输入偏置电流 I_{IB}、温度漂移系数、共模抑制比 KCMR 等参数有严格要求，如 U_{IO} 不大于 1mV。精密型运算放大器的 U_{IO} 只有几十微伏，常用于需要精确测量的场合，典型产品有 TLC4501/TLC4502, TLE2027/TLE2037, TLE2022, TLC2201, TLC2254 等。

（3）低噪声型运算放大器

低噪声型运算放大器也属于精密型运算放大器，它要求器件产生的噪声低，需要考虑电流噪声密度。双极型运算放大器通常具有较低的电压噪声，但电流噪声较大；而 CMOS 运算放大器的电压噪声较大，但电流噪声很小。低噪声型运算放大器的典型产品有 TLE2027/TLE2037, TLE2227/TLE2237, TIC2201, TLV2362/TLV2262 等。

（4）高速型运算放大器

要求运算放大器的运行速度快，即增益带宽积大、转换速率快，通常用于处理频带宽、变化速度快的信号。双极型运算放大器的输入级是 JFET 运算放大器，通常具有较高的运行速度。典型产品有 TLE2037/TLE2237, TLV2362, TLE2141/TLE2142/TLE2144, TLE20171, TLE2072/TLE2074, TLC4501 等。

（5）低电压低功率型运算放大器

用于低电压供电，如以 3V 电源电压运行的系统或由电池供电的系统。要求器件耗电低（500μA），能低电压运行（3V），最好具有轨对轨性能，可扩大动态范围。主要产品有

TLV2211, TLV2262, TLV2264, TLE2021, TLC2254, TLV2442, TLV2341 等。

（6）单电源型运算放大器

单电源型运算放大器要求用单个电源电压（典型电压为 5V）供电，其输入端和输出端的电压可低达 0V。多数单电源型运算放大器是采用 CMOS 技术制造的。单电源型运算放大器也可用在对称电源供电的电路中，只要总电压不超过允许范围。另外，有些单电源型运算放大器的输出级不是推挽电路结构，因此在信号跨越电源中点电压时会产生交越失真。

2．运算放大器的基本参数

表示运算放大器性能的参数有单/双电源工作电压、电源电流、输入失调电压、输入失调电流、输入电阻、转换速率、差模输入电阻、失调电流温漂、输入偏置电流、偏置电流温漂、差模电压增益、共模电压增益、单位增益带宽、电源电压抑制、差模输入电压范围、共模输入电压范围、输入噪声电压、输入噪声电流、失调电压温漂、建立时间、长时间漂移等。

不同运算放大器的参数差别很大，在使用运算放大器之前，需要仔细分析其参数。

3．运算放大器选用时的注意事项

① 若无特殊要求，应尽量选用通用型运算放大器。当电路中含有多个运算放大器时，建议选用双运算放大器（如 LM358）或四运算放大器（如 LM324）。

② 应正确认识、对待各种参数，不要盲目片面追求指标的先进，例如场效应管输入级的运算放大器，其输入阻抗虽高，但失调电压也较大，低功耗运算放大器的转换速率必然也较低；各种参数指标是在一定的测试条件下测出的，如果使用条件和测试条件不一致，那么指标的数值也将会有差异。

③ 当用运算放大器放大弱信号时，应特别注意选用失调及噪声系数均很小的运算放大器，如 ICL7650，同时应保持运算放大器同相端与反相端对地的等效直流电阻相等。此外，在高输入阻抗及低失调、低漂移的高精度运算放大器的印刷板布线方案中，其输入端应加保护环。

④ 当运算放大器用于直流放大时，必须妥善进行调零。有调零端的运算放大器应按标准推荐的调零电路进行调零，若没有调零端的运算放大器，则可参考图 3.2.1 进行调零。

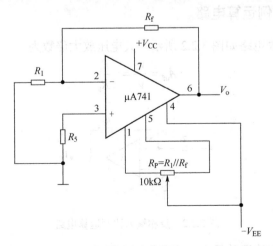

(a)μA741 或 μ747 调零电路

图 3.2.1　常见的调零电路

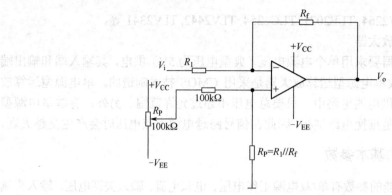

(b)反相放大器调零电路

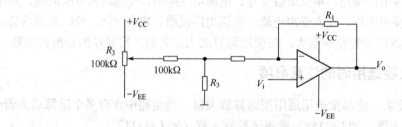

(c)同相放大器调零电路

图 3.2.1　常见的调零电路（续）

⑤ 为了消除运算放大器的高频自激，应参考推荐参数，在规定的消振引脚之间接入适当电容消振，同时应尽量避免两级以上的放大级级联。为了消除电源内阻引起的寄生振荡，可在运算放大器的电源端对地就近接去耦电容，考虑到去耦电解电容的电感效应，常常在其两端并联一个容量为 $0.01\mu F \sim 0.1\mu F$ 的瓷介电容。

3.2.2　基本运算放大器应用电路

1. 反相输入比例运算电路

反相输入比例运算电路如图 3.2.2 所示，其电压放大倍数为

$$A_{uf} = \frac{v_o}{v_i} = -\frac{R_f}{R_1}$$

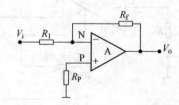

图 3.2.2　反相输入比例运算电路

为使输入电流引起的误差最小，应取平衡电阻 $R_p = R_f \mathbin{/\mkern-5mu/} R_1$。当 $R_f = R_1$ 时，$A_{uf} = -1$，即 $v_o = -v_i$，电路为反相器。

实际应用时还应注意以下几点：

① 电路的电压放大倍数不宜过大。通常 R_f 宜小于 $1M\Omega$，因为 R_f 过大会影响阻值的精度；R_1 不宜过小，R_1 过小会从信号源或前级吸取较大的电流。

② 作为闭环负反馈工作的放大器，其小信号上限工作频率 f_H 受运算放大器增益带宽积 $A_{ud}f_H$ 的限制。以 μA741 为例，其开环差模电压放大倍数 $A_{ud}=10^5$，开环上限频率 $f_H=10Hz$，因此运算放大器的单位增益上限频率 $f_T=1MHz$，即作为电压跟随器或反相器工作时的最高频率为 1MHz。若用 μA741 设计 A_{uf} 为 20dB 的放大电路，则电路允许的上限频率为 100kHz。

③如果运算放大器工作于大信号输入状态，那么此时电路的最大不失真输入幅度 V_{im} 及信号频率将受运算放大器转换速率 S_R 的制约。仍以 μA741 为例，其值为 0.5V/μs，若输入信号的最高频率为 100kHz，则其不失真最大输入电压

$$V_{im} \leq S_R / (2\pi f_{max}) = 0.5 \times 10^6 / (2\pi \times 10^5) = 0.8V$$

2．同相输入比例运算电路

同相输入比例运算电路如图 3.2.3 所示，其电压放大倍数为

$$A_{uf} = \frac{v_o}{v_i} = 1 + \frac{R_f}{R_1}$$

为使输入电流引起的误差最小，应取平衡电阻 $R_P = R_f // R_1$。当 $R_f // R_1 = 0$ 时，即使用一根导线替代 R_f，$A_{uf} = 1$，电路演变为电压跟随器。

3．反相输入比例求和电路

反相输入比例求和电路如图 3.2.4 所示，其输出电压为

$$v_o = -R_f \left(\frac{v_1}{R_1} + \frac{v_2}{R_2} + \frac{v_2}{R_2} \right)$$

平衡电阻为

$$R_P = R_f // R_1 // R_2 // R_3$$

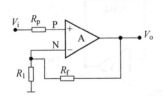

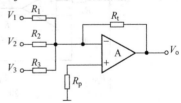

图 3.2.3　同相输入比例运算电路　　　　图 3.2.4　反相输入比例求和电路

4．差动放大电路

差动放大电路如图 3.2.5 所示电路，其输出电压为

$$v_o = -(R_f / R_1)v_1 + (1 + R_f / R_1)R_3 / (R_2 + R_3)v_2$$

5．积分运算电路

积分运算电路如图 3.2.6 所示电路，其输出电压为

$$v_o = -\frac{1}{R_1 C} \int_0^t v_i \, dt$$

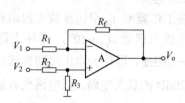

图 3.2.5 差动放大电路

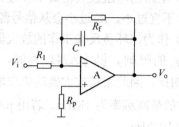

图 3.2.6 积分运算电路

通常，为限制低频电压增益，在积分电容 C 两端并联一个阻值较大的电阻 R_f。当输入信号的频率 $f_i > 1/(2\pi R_f C)$ 时，电路为积分器；当输入信号的频率 $f_i \ll 1/(2\pi R_f C)$ 时，电路近似为反相比例运算器，其低频电压放大倍数 $A_{uf} \approx -R_f / R_1$。当 $R_f = 100\text{k}\Omega$、$C = 0.022\mu F$ 时，积分与比例运算的分界频率约为

$$\frac{1}{2\pi R_f C} = 1/(2\pi \times 100 \times 10^3 \times 0.022 \times 10^{-6})$$

3.2.3 测量放大电路

测量放大器又称数据放大器、仪表放大器，其主要特点是输入阻抗高、输出阻抗低、失调及零漂很小、放大倍数精度可调，具有差动输入和单端输出，共模抑制比很高，可在大共模电压背景下，对缓变微弱的差值信号进行放大，常用于热电偶、应变电桥、生物信号等的放大。

1. 三运放测量放大器

三运放测量放大器电路如图 3.2.7 所示，其电压放大倍数为 $A_{uf} = 1 + 2R_f / R_G$，$R_f = R_1 = R_2 = 10\text{k}\Omega, R_G = 20\text{k}\Omega$，所以 $A_{uf} = 2$。

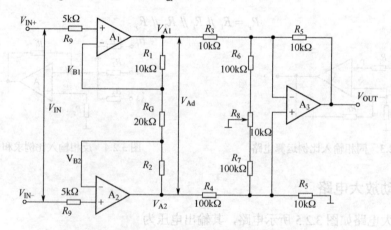

图 3.2.7 三运放测量放大器电路

2. 单片集成测量放大器

市场上的测量放大器品种繁多，有通用型（如 INA110、INA114/115、INA131 等）、高

精度型（如 AD522、AD524、AD624 等）、低噪声低功耗型（如 NA102、INA103 等）和可编程型（如 AD526）。下面介绍高精度型单片集成测量放大器 AD522。

AD522 是美国 AD 公司生产的单片集成测量放大器。图 3.2.8 给出了它的引脚图，采用 AD522 的电桥放大电路如图 3.2.9 所示。其引脚说明如下：

1 脚、3 脚：信号的同相及反相输入端。

2 脚、14 脚：接增益调节电阻。

7 脚：放大器输出端。

8 脚、5 脚、9 脚：分别为 V 端+、V 端及地端。

4 脚、6 脚：接调零电位器。

11 脚：参考电位端，一般接地。

12 脚：用于检测。

13 脚：接输入信号引线的屏蔽网，以减小外电场的干扰。为提供放大器偏置电流的通路，信号地必须与电源地端 9 脚相连。负载接于 11 脚与 7 脚之间，同时 11 脚必须与 9 脚相连，以使负载电流流至地端。

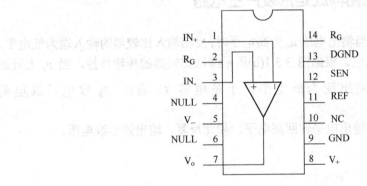

图 3.2.8 AD522 的引脚图

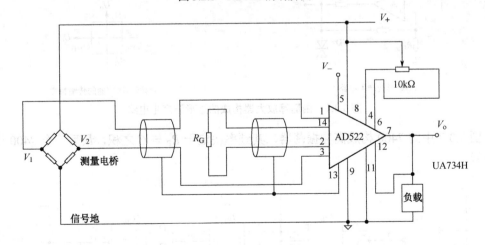

图 3.2.9 采用 AD522 的电桥放大电路

放大器的放大倍数为 $A_{\mathrm{uf}} = 1 + 2\dfrac{100}{R_{\mathrm{G}}}$，$R_{\mathrm{G}}$ 的单位为 kΩ。

3.3 信号产生电路

在各种电子电路的设计与制作过程中，需要产生各种波形，如矩形波、正弦波、三角波、单脉冲波等。产生的方法主要是利用运算放大器或专用模拟集成电路，配以少量的外接元件构成各种类型的信号生成器。信号生成器又分为正弦波生成器（又称张弛振荡器）和非正弦波生成器两大类。由模拟集成电路构成的正弦波生成器的工作频率一般低于1MHz，正弦波生成器的电路通常由工作于线性状态的运算放大器和外接的移相选频网络构成。选用不同的移相选频网络可构成不同类型的正弦波生成器。非正弦波生成器通常由运算放大器构成的滞回比较器（又称施密特触发器）和有源或无源积分电路构成。不同形式的积分电路便构成各种不同类型的非正弦波生成器，如方波生成器、三角波生成器、锯齿波生成器、单稳态及双稳态触发脉冲生成器、阶梯波生成器等。此外，用模拟集成电路构成的信号生成器均需附设非线性稳幅或限幅电路，以便稳定信号生成器产生信号的频率和幅度。下面以具体电路举例简要说明。

3.3.1 分立模拟电路构成矩形波产生电路

由图 3.3.1(a)可以看出，当输出电压 u_o 为高电平时，反相输入比较器的输入端为低电平，u_o 通过电阻 R_3 向电容 C 充电。根据图 3.3.1(b)所示滞回比较器的传输特性，当 u_c 上升到

$$u_c = U_{TH2} = \frac{R_1}{R_1 + R_2} U_Z$$ 时，输出变为低电平，于是电容 C 通过 R_3 放电。放电到

$$u_c = U_{TH2} = -\frac{R_1}{R_1 + R_2} U_Z$$ 时，输出电平转回高电平。如此反复，输出矩形波电压。

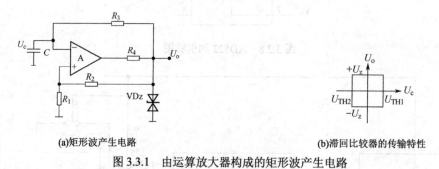

(a)矩形波产生电路　　　　　　　　　　　　(b)滞回比较器的传输特性

图 3.3.1　由运算放大器构成的矩形波产生电路

图 3.3.2 中的 7400 构成高频振荡器，其频率决定于 R_P 与 C 之积，最后一个 7400 用作隔离级。

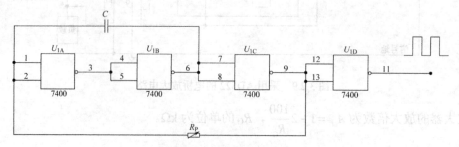

图 3.3.2　由与非门构成的矩形波产生电路

图 3.3.3 中的输出信号频率决定于晶振的频率，其中电阻 $R_4 = 2k\Omega$ 用作运算放大器输出级集电极开路的负载。

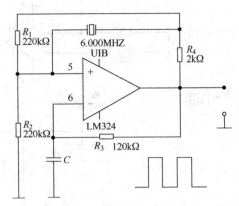

图 3.3.3　由晶振和运算放大器构成的矩形波产生电路

图 3.3.4 所示为由 555 电路构成的矩形波产生电路。A、P 两点之间的电阻记为 R_{AP}，P、B 两点之间的电阻记为 R_{BP}，因此充电时间为 $0.693R_{AP}C_1$，放电时间为 $0.693R_{BP}C_1$，占空比 D 和频率 f 为

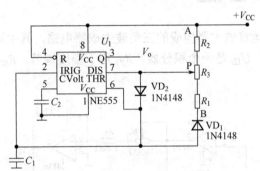

图 3.3.4　由 555 电路构成的矩形波产生电路

$$D = \frac{R_{AP}}{R_{AP} + R_{BP}}, \qquad f = \frac{1.44}{(R_{AP} + R_{BP})C_1}$$

3.3.2　正弦波产生电路

图 3.3.5 是一个由运算放大器组成的 RC 振荡器，电路中 $C_1 = C_2 = C$，振荡频率 $f_0 = 1/2\pi R_m C$，$R_m = (R_1 + R_2)/2$，为了减少失真，Q 值不大于 5，$R_1/R_2 = 100$，正反馈系数 $F = R_3/(R_3 + R_4)$。

图 3.3.6 是一个自激式等效电感振荡器，在等效电感电路的基础上，加 C_P 构成谐振选频电路。采用光隔离器稳幅方式。放大器增益大于 1dB 时，呈负阻性。等效关系如下：

$$L_e = \frac{C_o R_o R_S}{G_e}, \quad R_e = -\frac{R_S}{G_e - 1}, \quad G_e = \frac{R_1 + R_P}{R_1}$$

因此振荡频率 $f_0 = \dfrac{1}{2\pi\sqrt{L_e C_P}}$，按图中参数输出的正弦波的频率为 1.6kHz。

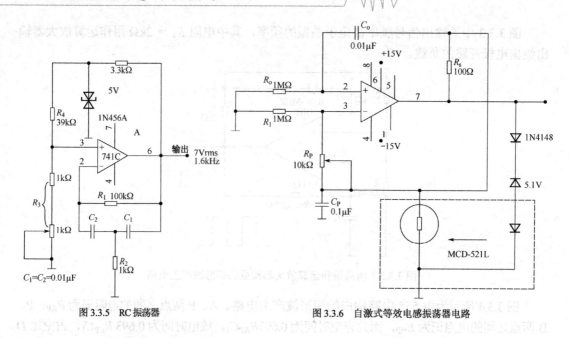

图 3.3.5　RC 振荡器　　　　　　　　　图 3.3.6　自激式等效电感振荡器电路

3.3.3　三角波产生电路

图 3.3.7 所示为由运算放大器构成的三角波生成器电路，其中运算放大器采用 4136，U_{1A} 是一个门限检测器，U_{1B} 是一个积分器，R_{P1} 用于幅度调节，R_{P2} 控制 C_1 的充电电流，对频率进行调节。

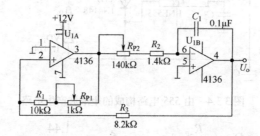

图 3.3.7　由运算放大器构成的三角波生成器电路

3.3.4　多种信号产生电路

图 3.3.8 所示为由运算放大器组成的三角波和方波生成器电路，电路中的 R_1/R_2 决定三角波的输出幅度，振荡频率 $f_0 = 1/(0.69RC)$。

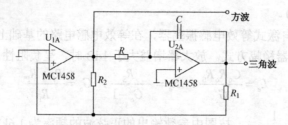

图 3.3.8　由运算放大器组成的三角波和方波生成器电路

图 3.3.9 所示为单片集成电路函数生成器 ICL8038，它是单片集成电路函数生成器，工作频率在几赫兹至几百千赫兹之间，可以同时输出方波、三角波、正弦波等信号。R_{P1} 调节频率范围，范围为 20Hz～20kHz，R_{P3} 改善正弦波负向失真，R_{P4} 改善正弦波正向失真。

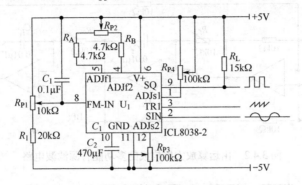

图 3.3.9　单片集成电路函数生成器 ICL8038

3.4　信号处理电路

信号处理电路主要由集成运算放大器或专用模拟集成电路配以少量的外接元件构成，主要功能有信号放大、信号滤波、阻抗匹配、电平变换、非线性补偿、电流-电压转换、电压/频率转换等。

3.4.1　有源滤波电路

滤波电路的作用实质上是"选频"，即允许某些频率的信号顺利通过，滤除别一些频率的信号。在无线电通信、自动测量和控制系统中，常用滤波电路处理模拟信号，如数据传送、干扰抑制等。

滤波电路的种类很多，这里主要介绍集成运算放大器和由 RC 网络构成的有源滤波电路。

根据滤波电路工作信号的频率范围，滤波器可分为四大类，即低通滤波器（LPF）、高通滤波器（HPF）、带通滤波器（BPF）和带阻滤波器（BEF）。

图 3.4.1 所示电路是由运算放大器构成的有源低通滤波器，其中 R_1/R_2 和 C/C_2 可以是各种值，图中选用 $R_1 = R_2$，$C = 2C_2$，截止频率为 $f_c = \dfrac{1}{2\pi\sqrt{R_1R_2CC_2}}$。

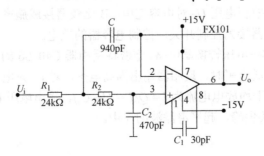

图 3.4.1　由运算放大器构成的有源低通滤波器

图 3.4.2 所示为由运算放大器构成的多功能有源滤波电路，电路能提供低通、带通、高通三种滤波特性。

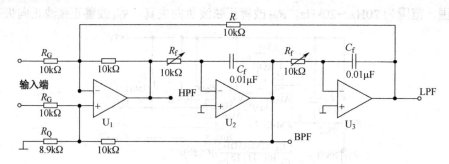

图 3.4.2　由运算放大器构成的多功能有源滤波电路

3.4.2　电压-频率、频率-电压变换电路

电压-频率变换电路（VFC）能把输入信号电压变换成相应的频率信号，即它的输出信号频率与输入信号的电压值成正比，故又称压控振荡器（VCO）。VFC 广泛用于调频、调相、模数变换（A/D）、数字电压表、数据测量仪器及远距离遥测遥控设备中。由通用模拟集成电路组成的 VFC 电路，尤其是专用模拟集成电压-频率转换器，其性能稳定、灵敏度高、非线性误差小。

通常，VFC 电路主要由积分器、电压比较器、自动复位开关电路等三部分组成。各种类型的 VFC 电路的主要区别是，复位方法和复位时间不同。下面讨论由运算放大器构成的各种 VFC 电路和典型的模拟集成电压-频率转换器。

模拟集成电压-频率、频率-电压转换器，具有精度高、线性度高、温度系数低、功耗低、动态范围宽等一系列优点，目前已广泛用于数据采集、自动控制和数字化及智能化测量仪器中。集成电压-频率、频率-电压转换器大多采用恒流源复位型 VFC 电路作为基本电路。

图 3.4.3 所示为电压-频率转换器电路，它采用多谐振荡器 CA3130 产生恒定幅度和宽度的脉冲。输出电压经积分电路（R_3、C_2）加到比较器的同相输入端，比较器的输出经过 R_4、VD_4，反馈至 A_1 的反相输入端。输入电压范围为 0～10V，输出频范围为 0～10kHz，转换灵敏度为 1kHz/V。

图 3.4.4 所示为由比较器 SF339（或 LM339）构成的压控振荡器。电路由三个部分组成，A 比较器构成积分器，控制电压 U_C 对电容充电；B 比较器接成施密特触发器，实现三角波到方波的转换；C 比较器接为控制开关，控制电容器的放电。

图 3.4.5 所示为频率-电压转换器电路，施密特反相器 C40106 的 U_{SS} 端接至运算放大器的"虚地"端。输入为低电平时，反相器输出为高电平，对 C_1 充电；输入为高电平时，C_1 放电。在一个周期内，平均放电电流为 $I = Q/T = U_{DD}C_1f$，输出电压 $U_o = -IR = -U_{DD}C_1f$，电容 C_2、C_3 用于抑制开关尖峰，起平滑滤波的作用。

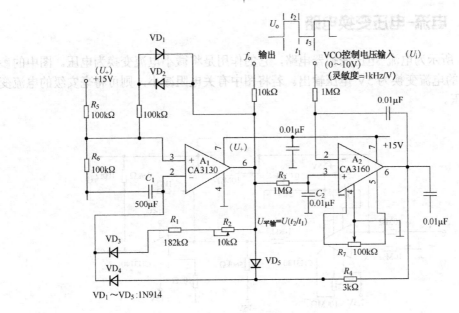

图 3.4.3　电压-频率转换器电路

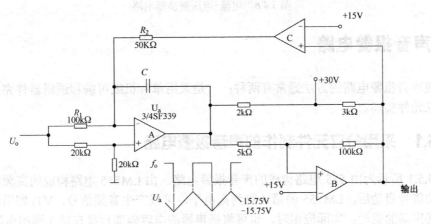

图 3.4.4　由比较器构成的压控振荡器

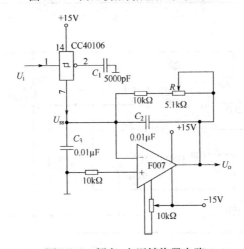

图 3.4.5　频率-电压转换器电路

3.4.3 电流-电压变换电路

图 3.4.6 所示为电流-电压变换器电路，它的作用是将微小电流变换为电压。图中的参数可将 5pA 的电流变换为 5V 电压输出。若将图中有关电阻减小，则可将毫安级的电流变换成伏级电压。

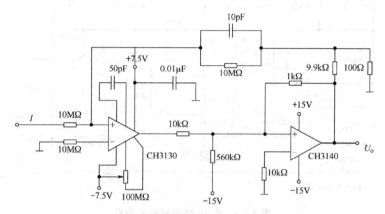

图 3.4.6 电流-电压变换器电路

3.5 声音报警电路

实现声音报警电路的方法通常有两种：一是采用单片机或可编程逻辑器件完成，二是采用分立元件实现。

3.5.1 采用分立元件制作的声音报警电路

图 3.5.1 所示为由 555 电路构成的声音报警电路。由 LM555 电路构成的高频多谐振荡器由启动信号启动后，LM555 的第 4 脚为高电平，可以产生音频信号，VT$_1$ 则用作音频放大器和扬声器的驱动；实际应用时，也可将扬声器的电容隔离后接在第 3 脚的电阻上。

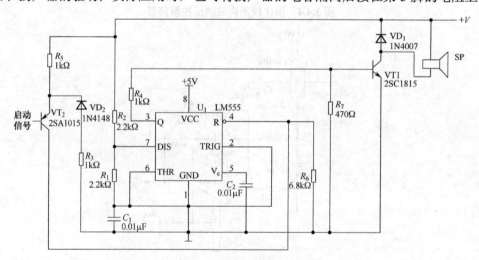

图 3.5.1 由 555 电路构成的声音报警电路

图 3.5.2 所示为由或非门构成的声音报警电路，或非门 U_{1A} 和 U_{1B} 构成低频振荡器，在启动信号（低电平有效）触发下，或非门 U_{1A} 的一个输入端为逻辑 "0"，激发振荡器，振荡器产生的低频（约 10Hz）方波对高频振荡器（由 U_{1C}、U_{1D} 门组成）进行门控制，产生频率约为 1kHz 的信号。调整 R_1 可以改变低频信号的频率，调整 R_2 可以改变音调，

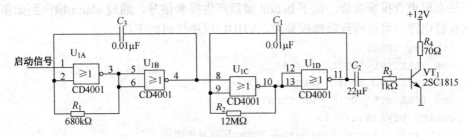

图 3.5.2 由或非门构成的声音报警电路

3.5.2 与单片机接口的声音报警电路与程序

在 MCS-51 单片机的 P1.0 口接一个报警电路，如图 3.5.3 所示。

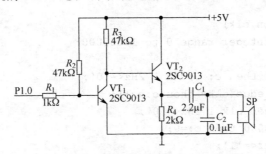

图 3.5.3 单片机的 P1.0 口接一个报警电路

单片机计数器 R_7 控制扬声器响的次数，计数器 R_6 控制响停时间。程序代码如下：

```
WARM: MOV R7,# 10; 响的次数
WAR2: MOV R6,#200; 响的音调
WAR0: ACALL DL10
      CPL P1.0
      DJNZ R6,WAR0
MOV R6,#100
WAR1: ACALL DL10
      DINZ R6,WAR1
DINZ R7,WAR2
RET
晶振频率为12MHz时，10ms延时子程序为
DL10: MOV R5,#120
DL12: MOV R4,#250
DL11: DJNZ R4,DL11
      DJNZ R5,DL12
RET
```

3.5.3 与可编程逻辑器件接口的声音报警电路和程序

通过 FPGA 进行预分频，产生两种声音的频率，每隔 0.5s 交替输出一个高电平。编辑程序模块实现声音报警功能，按下 button 键后产生报警信号，通过 alarm 输出到如图 3.5.3 所示的报警电路，可以得到蜂鸣报警声。VHDL 程序代码如下：

```
library IEEE;
use IEEE.STD_LOGIC_1164.ALL;
use IEEE STD_LOGIC_ARITH.ALL;
use IEEE.STD_LOGIC_UNSIGNED.ALL;
entity plyx_alarm is
port (clk:in std_logice; --50MHz标准时钟信号
button:in std_logic; --开, 停按键
alarm:out std_logic); --输出
end plyx_alarm;
architecture Behavioral of plyx_alarm is
signal clk_1_2Hz:std_logic;
begin
process(button,clk)
variable c: integer range 0 to 16000000;
begin
if button='1' then c:=0;clk_1_2Hz<='0';
elsif rising_edge(clk) then c:=c+1;
if<8000000 then clk_1_2Hz<='0';
elsif c=16000000 then c:=0;
else clk_1_2Hz<='l';
end if;
end process;
process(button,clk)
variable c:integer range 0 to 128000;
begin
if button='l' then c:=0;alarm<='0';
elsif rising_edge(clk) then c:=c+1;
if clk_1_2Hz='1' then
if c<32000 then alarm<='1';
elsif c=64000 then c: =0;
else alarm<='0';
end if;
elsif c<64000 then alarm<='1';
elsif c=128000 then c:=0;
else alarm<='0';
end if;
end if;
end process;
end Behavioral;
```

3.6　传感器及其应用电路

3.6.1　传感器种类介绍

1．传感器定义

传感器是指能够感受（或响应）规定的被测物理量，并按照一定规律转换成可用信号输出的器件或装置。传感器通常由直接响应于被测量的敏感元件和产生可用信号输出的转换元件及相应的电子电路组成。

2．传感器分类

① 按原理及转换形式分类，传感器分为结构型、物性型、数字（频率）型、量子型、信息型和智能型。

② 按敏感材料分类，传感器分为半导体型（如元素硅或 III-VI-V 族、II-VI 族化合物）、功能陶瓷型（如电子型半导体瓷、压电瓷）、功能高聚物型（如各种高分子有机半导体、压电体）等。

③ 按测量对象参数分类，传感器分为光传感器、湿度传感器、温度传感器、磁传感器、压力（压强）传感器、振动传感器、超声波传感器等。

④ 按应用领域分类，传感器分为机器人传感器、医用（生物）传感器、环保传感器、各种过程和检测传感器等。

3.6.2　霍尔传感器与应用电路

1．基本原理

霍尔传感器利用半导体磁电效应中的霍尔效应，将被测物理量转换成霍尔电势。

霍尔效应：将一载流体置于磁场中静止不动，若载流体中的电流方向与磁场方向不同，则在载流体平行于由电流方向和磁场方向组成的平面上将产生电势，该电势称为霍尔电势，这种现象称为霍尔效应。霍尔电势为

$$U_H = \frac{BbI}{nebd}$$

式中，B 为外磁场的磁感应强度；I 为通过基片的电流；n 为基片材料中的载流子浓度；e 为电子电荷量，$e = 1.6 \times 10^{-19}$C；b 为基片宽度；d 为基片厚度。

半导体材料的电阻率 ρ 和迁移率 μ 均较高，砷化铟和锑化铟常是制作霍尔元件的材料。霍尔元件通常被制作成长方形薄片。

2．集成霍尔传感器

集成霍尔传感器利用硅集成电路工艺将霍尔元件与测量电路集成在一起，实现了材料、元件、电路三位于一体。霍尔传感器分为线性霍尔传感器和开关霍尔传感器。霍尔传感器的基本应用电路如图 3.6.1 所示。控制电流（激励电流）由电源 E 供给，其大小可由电阻

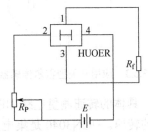

图 3.6.1　霍尔传感器的基本应用电路

R_P 来调节，霍尔片的输出端接负载 R_f，R_f 可以是一般电阻，也可以是放大器的输入电阻或指示器的内阻。

在磁场和控制电流的作用下，负载上会有输出电压。在实际使用中，输入信号可为电流 I 或磁感应强度 B，或者两者同时作为输入，输出信号正比于 I 或 B，或正比于两者之积。

由于建立霍尔效应所需的时间很短（约 $10^{-12} \sim 10^{-14}$ s），因此在控制电流采用交流电时，频率可以很高。

3. 典型应用——转速测量

转速霍尔传感器的外形图与磁场作用关系如图 3.6.2 所示。实际设计与制作时，磁场由磁钢提供，磁钢的磁感应强度要满足霍尔传感器的最高和最低动作点。

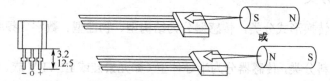

图 3.6.2　转速霍尔传感器的外形图与磁场作用关系

（1）转速测量原理

应用开关霍尔传感器检测转速示意图如图 3.6.3 所示。在非磁材料的圆盘边缘上粘贴一块磁钢，将圆盘固定在被测转轴上，开关霍尔传感器固定在圆盘外缘附近，圆盘每旋转一周，霍尔传感器便输出一个脉冲。用频率计测量这些脉冲，便可得到转速。

设频率计的频率为 f，粘贴的磁钢块数为 Z，则转轴转速为

$$n = 60f / Z \quad (\text{r / min})$$

若 $Z = 60$，则 $n = f$，即转速为频率计的示值。但是，粘贴 60 块磁钢很麻烦，而且圆盘很小时装不下这么块磁钢，因此可视情况粘贴适当的块数。例如，粘贴 6 块磁钢时，转速为 $n = 10f$，此时读数与计算都比较方便。

（2）测量转速电路

测量转速的装置示意图如图 3.6.4 所示。将霍尔传感器按图 3.6.3 所示的方式装成后，在霍尔传感器 H 的引脚 1 和引脚 3 之间接 $2k\Omega$ 的电阻，将其输出端接到数字频率计的输入端，即可根据相应的情况算出被测机械的转速。

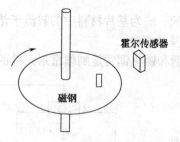

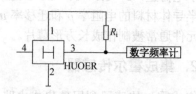

图 3.6.3　应用开关型霍尔传感器检测转速示意图　　　图 3.6.4　测量转速的装置示意图

具体的转速测量电路如图 3.6.5 所示。该电路采用霍尔集成电路 UGN3040 检测磁性转子的转速。UGN3040 是集电极开路元件，外接上拉电阻。当磁性转子转动时，霍尔集成电路的输出随之变化，B 点是经过三极管反相后的输出。后续电路可用计数器记录转速。

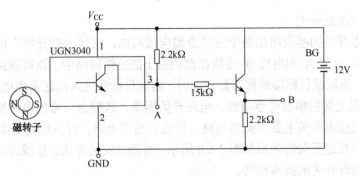

图 3.6.5 转速测量电路

开关霍尔传感器还可选用 UGN-3020 和 UGN-3030 型传感器，其电源电压为 4.5～25V，对磁感应强度 B 的大小要求不严格；当电源电压为 12V 时，其输出截止电压的幅值 $U_O \leqslant 12V$。还可选用国产的 CS837 型和 CS6837 型传感器，其电源电压为 10V；CS839 和 CS6839 的电源电压为 18V。注意，CS 型开关集成霍尔传感器为双端输出，也属于集电极开路输出级。

不管是单端输出还是双端输出，电源和集电极之间必须接有负载电阻才能正常工作。

3.6.3　金属传感器与应用电路

1．集成金属传感器的分类

集成金属传感器分为两类：电感式接近开关和电容式接近开关。

（1）电感式接近开关

电感式接近开关的工作原理基于电磁场理论。由电磁场理论可知，在受到时变电磁场作用的任何导体中，都会产生涡流。成块的金属置于变化的磁场中时，或在固定的磁场中运动时，金属导体内会产生感应电流，这种电流的磁力线在金属内是闭合的，因此称为涡流。

导体的影响会使线圈的阻抗发生变化，这种变化称为反阻抗作用。传感器利用受到交变磁场作用的导体中产生的涡流，调节线圈的原有阻抗。因此，电感式接近开关可以作为金属探测器。几种常用电感式接近开关的外形如图 3.6.6 所示。

(a)带螺纹塑料圆柱形

齐平安装：
检测距离为 3mm，5mm，10mm
非齐平安装：
检测距离为 8mm，12mm，20mm

(b)镀铬黄铜圆柱外壳

齐平安装：
检测距离为 3mm，5mm，10mm
非齐平安装：
检测距离为 8mm，12mm，20mm

(c)不锈钢圆柱外壳

齐平安装：
检测距离为 1.5mm，3mm，5mm，10mm
非齐平安装：
检测距离为 4mm，8mm，12mm，20mm

图 3.6.6　常用电感式接近开关的外形

（2）电容式接近开关

电容式接近开关的感应面由两个同轴金属电极构成，很像"打开的"电容器的电极，如图 3.6.7 所示。电极 A 和电极 B 连接在高频振子的反馈回路中，该高频振子在没有测试目标时不感应。当测试目标接近传感器表面时，测试目标就进入由这两个电极构成的电场，引起 A、B 电极之间的耦合电容增加，电路开始振荡。该振荡信号由电路检测，并形成开关信号。电容式接近开关主要由振荡电路、检波、整形电路、开关电路等组成。

常见电容式接近开关的外形如图 3.6.8 所示；外形、安装方式、接线方式、检测距离等参数与电感式接近开关的基本相同。

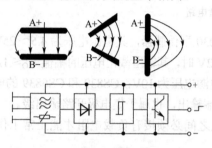

图 3.6.7　电容式接近开关的感应面

图 3.6.8　常见电容式接近开关的外形

2. 自制简易金属传感器电路

电子设计竞赛时也可自制金属传感器。由电磁场理论可知，在受到时变电磁场作用的任何导体中，都会产生涡流。

涡流传感器的灵敏度和线性范围与线圈产生的磁场强度和分布状况有关，磁场沿径向分布范围大时，线性范围就大，轴向磁场梯度大时，灵敏度就高。它们与传感器线圈的尺寸和形状有关。根据这种关系，就可以确定线圈的形状和尺寸参数。

① 当被测物体与线圈的距离 x 小时，线圈半径 r_b 小，产生的磁感应强度大。

② 当被测物体与线圈的距离 x 大时，磁感应强度小，且线圈半径（r_b）小的变化梯度大，半径（r_b）大的变化梯度小。

涡流传感器通常设计为截流扁平线圈，产生的磁场可以为由相应的单匝线圈的磁场叠加而成。

a. 线圈外径大时，传感器敏感范围大，线性范围相应也大，但敏感度低。

b. 线圈外径小时，线性范围相应小，但敏感度增大。

c. 线圈薄时，灵敏度高。

d. 线圈内径改变时，只有被测物体与传感器距离近时，灵敏度略有变化。

设计时，传感器的线性范围一般取为线圈外径的 1/3～1/5。

自制金属传感器电路如图 3.6.9 所示，它由振荡电路、比较电路和整形电路三部分组成。当有金属时，影响线圈 L_1 的阻抗，进而影响振荡电路输出的幅值，经过比较器进行比较，比较后的输出信号经整形电路整形，直接输入到控制电路进行检测状态的判断。

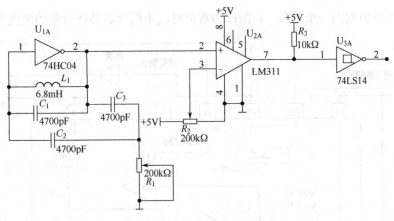

图 3.6.9 自制金属传感器电路

3.6.4 温度传感器与应用电路

1. 分类

温度传感器的数量在各类传感器中最多，其中将温度变化转换为电阻变化的称为热电阻温度传感器或热敏电阻温度传感器，将温度变化转换成电势变化的称为热电偶传感器。

2. 热电偶温度传感器

（1）基本原理

热电偶温度传感器能将温度变化量转换为热电势，其理论基础是热电效应。

热电效应：用两种不同材料的导体构成一个闭合回路，如果两个结点的温度不同，那么回路中将产生一定的电流（电势），其大小与材料的性质和结点的温度有关，这种物理现象即为热电效应。

（2）应用电路

图 3.6.10 所示为热电偶报警信号电路。应用 AD594/AD595 时，13 脚应受到一定的限制，即它的电压不能超过-4V。只要将 13 脚连到 4 脚的公共端，或连到 7 脚的 V_-，这一点就很容易办到。电路在正常工作时，报警晶体管断开，$20k\Omega$ 的上拉电阻使 12 脚的输出为高电平。如果热电偶的一个头或两个头断开，那么 12 脚将输出低电平，从而输出报警信号。

3. 热电阻温度传感器

利用热电阻和热敏电阻的温度系数制成的温度传感器，均称为热电阻温度传感器。

（1）金属热电阻的工作原理

由物理学可知，大多数金属导体的电阻都具有随温度变化的特性，其特性方程满足

$$R_t = R_0[1 + \alpha(t - t_0)]$$

式中，R_t、R_0 分别为热电阻在 $t^\circ\text{C}$ 和 0°C 时的电阻，α 为热电阻的温度系数（1/℃）。

绝大多数金属导体的 α 值并不是一个常数，它随温度的变化而变化。但在一定的温度

范围内，α可近似视为一个常数。α保持为常数时，不同金属导体对应的温度范围不同。

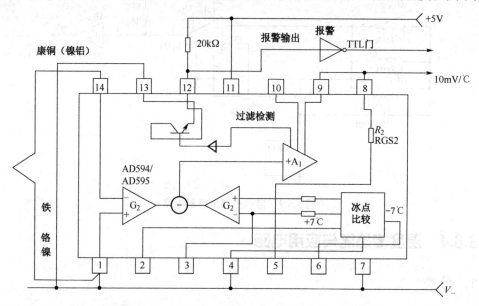

图3.6.10　热电偶报警信号电路

（2）金属热电阻的种类

① 铂热电阻：测温复现性好，被广泛用作温度基准。

② 铜电阻：灵敏度高，但易于氧化，一般只用于150℃以下的低温测量及无水和无侵蚀性介质的温度测量。

③ 电阻：电阻温度系数大，电阻率也大，可制成体积小、灵敏度高的电阻温度计；但其易于氧化，化学稳定性差，不易提纯，复制性也差，而且电阻-温度特性的线性差，因此目前用得比较少。

（3）热电阻传感器的测量电路

最常用的热电阻传感器的测量电路是电桥电路，精度要求高的采用自动电桥。为了消除由于连接导线电阻随环境温度变化而造成的测量误差，常采用三线制和四线制连接方法。在此不再详述。

4．半导体热敏温度传感器

（1）半导体热敏温度传感器的分类

一般来说，半导体要比金属具有更大的电阻温度系数。半导体热敏电阻可分为正温度系数（PTC）、临界温度系数（CTR）、负温度系数（NTC）等。

PTC热敏电阻：主要用于彩电消磁、各种电器设备的过热保护、发热源的定温控制，也可作为限流元件使用。

CTR热敏电阻：主要用作温度开关。

NTC热敏电阻：在点温、表面温度、温差、温度场等的测量中得到广泛应用，还广泛用于自动控制及电子线路的热补偿电路，是运用最为广泛的热敏电阻。

（2）半导体热敏温度传感器的应用

热敏电阻可以和普通的电阻一样使用，只是热敏电阻的阻值是随着温度的变化而变化的。热敏电阻温度测量电路如图 3.6.11 所示。

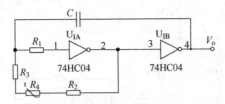

图 3.6.11　热敏电阻温度测量电路

这是一个非对称的多谐振荡器电路。R_4 为热敏电阻，当温度变化时，其阻值会随温度发生变化。这一变化会影响振荡电路的振荡频率。将振荡电路输出的信号输入到控制电路（如 FPGA 或单片机控制系统）中，便可通过测量频率的变化来显示对应的温度。注意，图中的 U_{1A} 必须是 MOS 反相器，否则可能会不起振。振荡电路的振荡周期为 $T = 2.2C(R_2 + R_3 + R_4)$。

由热敏电阻构成的温度控制器电路如图 3.6.12 所示。温度传感器采用 25℃时阻值为 10kΩ 的负温度系数热敏电阻，电路由两个比较器组成。比较器 A_1 为温控电路，比较器 A_2 为热敏电阻损坏或接线断开指示电路，调整 R_P 可设定控制温度，调整 R_5 可调节电路翻转延时时间，以免继电器频繁通断。

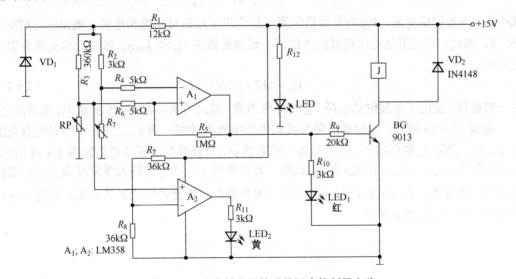

图 3.6.12　由热敏电阻构成的温度控制器电路

（3）二极管 PN 结

半导体热敏温度传感器是利用晶体管半导体材料 PN 结的伏安特性与温度之间的关系研制成的一种温度传感器。

根据半导体器件原理，流经二极管的正向电流 I_D 与 PN 结上的压降 V_D，即

$$I_D = I_S \exp\left(\frac{qV_D}{kT}\right)$$

式中，I_D 为 PN 结的正向电流，V_D 为 PN 结的正向压降，q 为电子电荷量，k 为玻耳兹曼常数，

T 为热力学温度，I_S 为反向饱和电流。根据温度与电压 V_D 的关系，就可测量温度。

二极管测温电路如图 3.6.13 所示。利用二极管 VD、R_2、R_1、R_T 和 R_P 组成一个电桥电路，利用运算放大器放大电桥输出的电压信号，运算放大器也起阻抗变换作用。

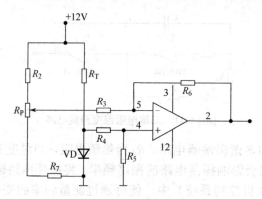

图 3.6.13　二极管测温电路

（4）三极管温度传感器

三极管温度传感器的工作原理如下。处于正向工作状态的三极管，其发射极电流和发射结电压满足如下关系：

$$I_e = I_{se}\left[\exp\left(\frac{qV_{be}}{kT}\right) - 1\right]$$

式中，I_e 为发射极电流，V_{be} 为发射结压降，I_{se} 为发射结的反向饱和电流。室温时，$kT/q = 36\text{mV}$。因此，在发射结正向偏置的条件下，都满足条件 $V_{be} \gg kT/q$。经过近似处理并取对数后得

$$V_{be} = (kT/q)\ln(I_e/I_{se}) \qquad (3.6.1)$$

由上式可知，温度 T 与发射结压降 V_{be} 有对应关系，据此关系，就可通过测量 V_{be} 来测温度。

由式（3.6.1）可知，发射结压降与反向饱和电流 I_{se} 有关，而 I_{se} 又是一个与温度有关的常数，为了消除 I_{se} 的影响，可采用对管方式来解决，对管温度传感器电路如图 3.6.14 所示。在此条件下，$I_{se1} = I_{se2}$。在 I_{se1} 和 I_{se2} 比值一定的条件下，Δv_{be} 与热力学温度成正比。比例系数是一个常数，它与反向饱和电流无关，因此也与三极管的制造工艺无关。可见，三极管可以作为理想的测温元件。

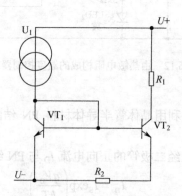

图 3.6.14　对管温度传感器电路

5．集成温度传感器组成的测温电路

集成温度传感器 LM35 的灵敏度为 10mV/℃，即温度为 10℃时，输出电压为 100mV。常温下测温精度在±0.5℃以内，消耗电流的最大值为 70μA，自身发热对测量精度的影响在 0.1℃以内。采用+4V 以上的单电源供电时，测量温度范围为 2℃～150℃；而采用电源供电时，测量温度范围为-55℃～+150℃（金属壳封装）和-40℃～+110℃（TO-92 封装）。LM35 的封装形式及引脚图如图 3.6.15 所示。

（1）-20℃～+100℃测温电路

利用 LM65 或 LM45 温度传感器及二级管 1N914 可以组成单电源供电的测温电路（一般需要正负电源）。输出电压 V_o = 10mV × t（t 为测量温度值），温度测量范围为-20℃～+100℃，电路如图 3.6.16 所示。

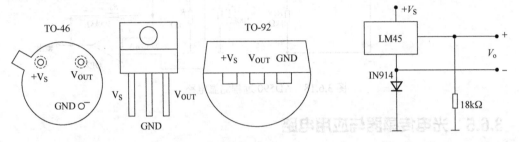

图 3.6.15 LM35 的封装形式及引脚图 | 图 3.6.16 -20℃～+100℃测温电路

（2）温度-频率变换电路

利用 V/F 变换器 LM131、集成温度传感器 LM25 或 LM45 及光电耦合器 4N128 组成输入/输出隔离的温度-频率变换电路，其温度测量范围为 25℃～100℃，响应的频率输出范围为 25Hz～1000Hz。通过 5kΩ 电位器进行调整，可使 100℃时电路输出的频率为 1000Hz。它利用光电耦合器隔离输入/输出，以便进行电平转换。温度-频率转换电路如图 3.6.17 所示。

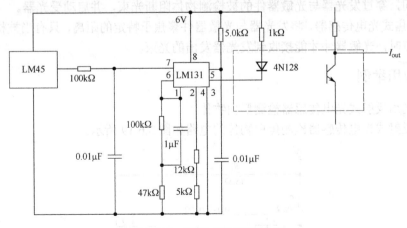

图 3.6.17 温度-频率转换电路

（3）AD590 远程测温电路

图 3.6.18 所示为 AD590 远程测温电路，它能测量千米之外的温度。当温度为-55℃～+100℃时，电路的输出电压以 100mV/℃的规律变化，输出电压范围为-5.5 V～+10V。电路中的测温元件采用 AD590，随温度变化的输出电流流经屏蔽线，由屏蔽线两侧的 RC 环节

滤除干扰，再流过 1kΩ 电阻，产生 1mV 的电压加在放大器的正输入端。AD590 直接输出的是热力学温度，要以摄氏温度读出，需在放大器的负端加 273.2mV 的电压，这一电压由 LM1403 经电阻分压产生。在实际应用中，屏蔽线只能一端接地，因为两端同时接地将会形成噪声电流，而噪声电流会串流至芯线导致干扰。

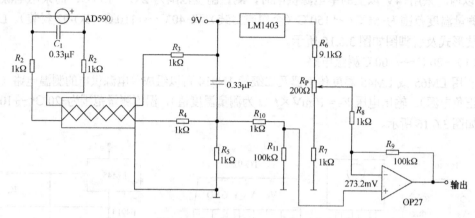

图 3.6.18　AD590 远程测温电路

3.6.5　光电传感器与应用电路

1．主要类型

根据检测模式的不同，光电传感器可分为如下几种：

① 反射式光电传感器，将发光器与光敏器件置于一体，发光器发射的光被检测物体反射到光敏器件。

② 透射式光电传感器，将发光器与光敏器件置于相对的两个位置，光束也在两个相对的物体之间，穿过发光器与光敏器件的被检测物体阻断光束，并启动受光器。

③ 聚焦式光电传感器，将发光器与光敏器件聚焦于特定的距离，只有当被检测物体出现在聚焦点时，光敏器件才能接收到发光器发出的光束。

2．应用举例

（1）利用反射式光电传感器检测黑白物体

利用反射式光电传感器检测黑白物体的电路如图 3.6.19 所示。

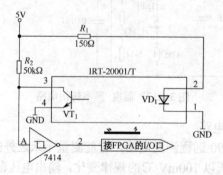

图 3.6.19　利用反射式光电传感器检测黑白物体的电路

由于黑色物体和白色物体的反射系数不同，因此调节反射式光电传感器与检测对象之间的距离，可使光敏三极管只接受到白色物体反射回来的光束。而对于黑色物体，由于其反射系数小，反射回来的光束很弱，因此光敏三极管无法接收到反射光。利用反射光可以使光敏三极管实现导通和关断，从而实现对黑白物体的分辨。

电路工作过程如下：当被测物体是黑色物体时，红外光电二极管 VD_1 发射出的光被反射回来时很弱，光敏三极管无法导通，所以 A 点此时为高电平，通过反相器 7414 后，FPGA 或微控制器接收到的信号为低电平信号。当被测物体是白色物体时，红外光电二极管 VD_1 发射的光被反射回来时很强，光敏三极管导通，所以 A 点此时为低电平，通过反相器后，7414、FPGA 或微控制器接收到的信号是高电平信号；FPGA 或微控制器检测输入电平，即可判断此时被检测物体是白色物体还是黑色物体。

（2）光电检测电路使用注意事项

① 发光器的光强可通过选择适当的型号改变。改变发光器的限流电阻，或在发光器和光敏器件的外面加聚光装置，也可改变光强。

② 由于不同物体的表面对光线的反射能力不同，因此应仔细调节反射式光电传感器与检测对象之间的距离。

③ 工作环境条件。由于无法改变工作环境，因此必须考虑光电传感器的安装位置。

（3）安装不同光电传感器时首先要注意的问题

① 反射式光电传感器的安装：要根据不同的检测材料确定适当的距离，具体距离和具体位置必须在现场调试。

② 聚焦式光电传感器的安装：在安装过程中，要确定聚焦点的位置，若位置选择得不合适，则会使传感器失去作用。

③ 透射式光电传感器的安装：要安装好遮光片。安装时，一要选择好材料，二要特别注意其安装位置。

（4）光源检测电路

光源检测电路用来判断光源的位置，具体的光源检测电路如图 3.6.20 所示。

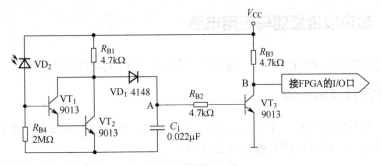

图 3.6.20　光源检测电路

由光敏二极管 VD_2 对光源进行检测，当光敏二极管接收到光源发出的光时，VT_1 和 VT_2 导通，A 点为低电平，VT_3 不能导通，B 点为高电平，此时 FPGA 或微控制器接收到的电平为高电平；当光敏三极管未接收到光源时，VT_1 和 VT_2 不导通，A 点为高电平，VT_3 导通，B 点输出低电平，此时 FFGA 或微控制器接收到的电平为低电平。FPGA 或微控制器检测输入端电平，即可判断此时光敏二极管是否检测到光源。

3. 集成光电传感器

（1）分类

集成光电传感器主要分为反射式光电开关、会聚式光电开关、透射式光电开关、反射板式光电开关、光纤穿透式开关、光纤反射式开关等几种，一般采用前三种。

（2）工作光源

常用的工作光源主要有可见红光（波长为 650nm）、可见绿光（波长为 510nm）和红外光（波长为 800～940nm）。不同光源在具体情况下各有长处。例如，不考虑被测物体的颜色时，红外光具有较宽的敏感范围，可见红光或绿光特别适合于反差检测。光源的颜色必须根据被测物体的颜色来选择，红色物体与红色标记宜用绿光（互补色）进行检测。

（3）外形

按照外壳形状，光电传感器可分为螺纹圆柱形系列、圆形系列、方形系列和槽形系列。常用螺纹圆柱形光电传感器的外形如图 3.6.21 所示。

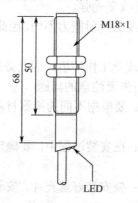

图 3.6.21　螺纹圆柱形光电传感器的外形

（4）光电传感器的接线图与电感式接近传感器的相同，具体型号可登录有关网站查询。

3.6.6　超声波传感器与应用电路

超声波传感器可用来测量距离、探测障碍物并区分被测物体的大小。

1. 基本原理及其分类

超声波检测装置包含有一个发射器和一个接收器。发射器向外发射一个固定频率的声波，遇到障碍物时，声波返回并被接收器接收。

图 3.6.22　40kHz 超声波探头外形

超声波探头可由压电晶片制成，它既可以发射超声波，又可以接收超声波。小功率超声探头多用于探测，它有多种不同的结构。40kHz 超声波探头外形如图 3.6.22 所示，TCT40-2F（发射器）和 TCT40-2F（接收器）两者的外形相同。

超声探头中构成晶片的材料可以有多种。晶片的直径和厚度各不相同，因此每个探头的性能也不同。超声波传感器的主要性能指标如下。

（1）工作频率

工作频率是指压电晶片的共振频率。当加到晶片两端的交流电压的频率与晶片的共振频率相等时，输出的能量最大，灵敏度也最高，如图 3.6.23 所示。

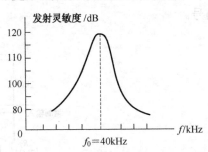

图 3.6.23　超声波发射器的频率特性

（2）工作温度

由于压电材料的居里点一般较高，特别是诊断用超声波探头的功率较小，因此工作温度较低，可长时间工作而不失效。

（3）灵敏度

灵敏度主要取决于晶片本身。机电耦合系数大时，灵敏度高；反之灵敏度低。

2．超声波传感器的发射/接收电路

（1）超声波传感器的发射电路

超声波传感器的发射电路包括超声波发射器、40kHz 超音频振荡器、驱动（或激励）电路，有时还包括编码调制电路。设计时应注意以下两点：

① 普通超声波发射器所需的电流小，只有几毫安到十几毫安，但激励电压要求大于 4V。

② 激励交流电压的频率必须调整到发射器的中心频率 f_0 上，才能得到较高的发射功率和较高的效率。

图 3.6.24 所示为由三极管构成的超声波发射电路图。在 3.6.24(a)中，两个低频小功率三极管 2SC9013 组成了振荡器、驱动电路。三极管 VT_1 和 VT_2 构成两级放大器，又由于超声波发射器 ST 的正反馈作用，使得这个原本是放大器的电路变成了振荡器，同时超声发射器可以等效为一个串联 LC 谐振电路，具有选频作用；电路不需要调整，超声波发射器在电路中同时完成将电能转换为机械能、选频、正反馈三项任务。在图 3.6.24(b)中，用电感取代了图 3.6.2(a)中的 R_3，以便增大激励电压。

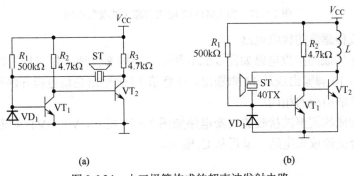

（a）　　　　　　　　　　　　（b）

图 3.6.24　由三极管构成的超声波发射电路

图 3.6.25 所示为由与非门构成的超声波发射电路，其中 G_3 为驱动器，电路的振荡频率 f_0 近似等于 $1/(2.2RC)$，调制信号由 G_2 输入。在图 3.6.26 所示的由 555 定时器构成的超声波发射电路中，555 定时器、R_1、R_2 和 C_1 组成多谐振荡器，当调制信号为高电平时，启动振荡器输出频率为 40kHz 的信号。

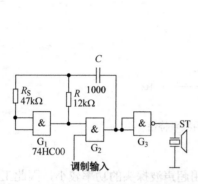 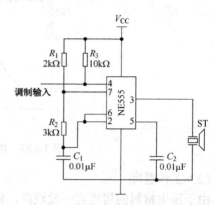

图 3.6.25 由与非门构成的超声波发射电路　　图 3.6.26 由 555 定时器构成的超声波发射电路

由 LM1812 构成的超声波发射电路如图 3.6.27 所示。LM1812 是一种专用于超声波收发的集成电路，它既能用于发射电路，又能用于接收电路，具体取决于引脚 8 的接法。第 1 脚接 L_1、C_1 并联谐振电路以确定振荡器的频率。输出变压器接在 6 脚与 13 脚之间，电容 C_2 起退耦、滤波、信号旁路等作用。C_3 与变压器副边绕组谐振于发射载频，变压器的变比约为 $N_1 : N_2 = 1 : 2$；当然，超声波发射器也可接在 6 脚与 13 脚之间，但此时发射功率小。

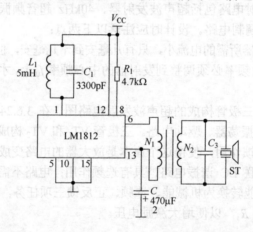

图 3.6.27 由 LM1812 构成的超声波发射电路

（2）超声波传感器的接收电路

由 LM1812 构成的接收电路如图 3.6.28 所示。引脚 8 接地，使芯片工作于接收模式。输出信号可从第 16 脚输出或从 14 脚输出，注意第 14 脚输出是集电极开路形式，其结构与发射电路的功率输出级的相同。

由三极管构成的超声波接收放大器电路如图 3.6.29 所示，VT_1、VT_2 和若干电阻电容构成两级阻容耦合交流放大电路，最后从 C_3 输出。

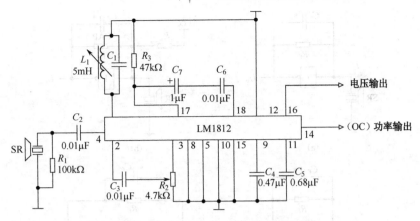

图 3.6.28　由 LM1812 构成的接收电路

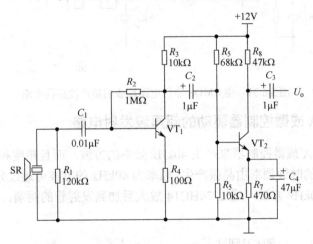

图 3.6.29　由三极管构成的超声波接收放大器电路

由运算放大器构成的超声波放大电路如图 3.6.30 所示，R_2、R_3 组成分压电路，使同相端的电位为电源电压的 1/2。

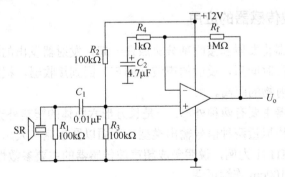

图 3.6.30　由运算放大器构成的超声波放大电路

由 CMOS 非门电路构成的超声波接收电路如图 3.6.31 所示，电路中使用 CMOS 非门作为放大器，具有输入阻抗高、功耗低、成本低、电路简单等优点；C_f 的作用是防止高频自激，容量约为 1000pF，具体数值在调整时确定。

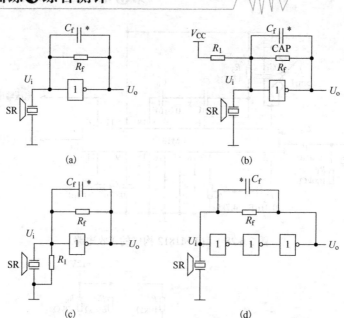

图 3.6.31 由 CMOS 非门电路构成的超声波接收电路

3. 由 FPGA 或微控制器驱动的超声波发射电路

也可采用 FPGA 或微控制器来产生 40kHz 频率的方波，而且精度和稳定度都比较高。FPGA 或微控制器的时钟频率由晶振产生，频率为 40kHz 的方波可通过分频得到。FPGA 或微控制器输出的 40kHz 方波，通过 74HC14 放大后加到发射管的两端，超声波发射电路如图 3.6.32 所示。

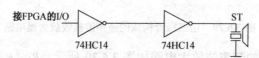

图 3.6.32 超声波发射电路

4. 集成超声波传感器的应用

集成超声波传感器将发射和接收部分集成在一起，发射器发出的超声波脉冲作用到物体的表面上，经过一段时间后，反射的声波（回声）回到接收器，根据声速和时间就可算出超声波传感器到反射物的距离。

集成超声波传感器主要有两种外形：一是长方形六面体的塑料外壳，二是螺纹管 M30。它们都具有开关量和模拟量两种信号输出类型。下面以图尔克（天津）传感器有限公司的 RU100-M30-AP8X-H1141 为例，说明集成超声波传感器的主要参数性能。

开关距离：20～100cm 连续可调

标准检测物体：2cm×2cm

工作电压：20～30V

输出状态：NO

外部接线图如图 3.6.33 所示。

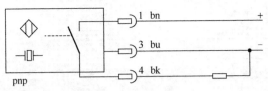

图 3.6.33　外部接线图

5. 超声波传感器应用注意事项

① 干扰的抑制：选择最佳的工作频率，外加干扰抑制电路或用软件来实现抗干扰。减少金属振动、空气压缩等外部噪声对信号探测的影响。

② 环境条件：超声波适合在空气中传播，不同的气体对超声波会有不同程度的影响。此外，空气的湿度和温度也会影响到超声波的传播。

普通雨和雪对超声波传感器的影响不大，但是要防止雨水直接进入传感器内。

超声波传感器的探测对象很多，但被探测物体的温度对探测结果的影响很大。一般来说，探测高温物体时，距离要减小。

③ 安装：由于超声波传感器由两部分组成，因此安装是一个大问题。发射器和接收器不平行时，会使探测距离减小；安装得太近时，接收器会直接受发射器发出（而非被测物体反向）的信号的影响,；安装得很远时，会使探测距离减小，形成很大的死区。一般来说，安装距离取 2～3cm 为宜。

第④章
单片机系统的设计与制作

内容提要

在电子设计竞赛中，单片机作为系统的控制核心得到广泛应用。本章以 STC12C5A60S2 单片机为核心，系统介绍单片机系统的设计，并详细讲述系统所用按键、数码管、液晶显示器和串行 E²PROM 的使用方法，以及单片机系统与 A/D、D/A 和 FPGA 等的接口设计，同时给出每个设计的 C 语言程序。

4.1 单片机系统的设计与制作

4.1.1 单片机系统硬件设计

目前，在电子设计竞赛中，单片机的主要功能是负责整个系统的控制，而不承担复杂的数据处理任务。因此，在设计单片机系统时，通常选用 Intel 公司的 8051 系列单片机或 Atmel 公司的 AT89SS1 作为主控核心，其典型工作电压为 4.5～5V。与 FPGA 等 3.3V 器件通信时，需要考虑 I/O 的电压匹配，防止电流从单片机的 I/O 引脚灌入，导致低压芯片损毁。

本章的内容基于 STC12C5A60S2 单片机，这是一款工作于 3.5～5V 的增强型 51 内核单片机，其低压版 STC12LE5A60S2 工作于 2.6～3.6V。图 4.1.1 所示为 STC12C5A60S2 单片机的内部结构图。

单片机主要用来实现人机接口、控制等功能，既不需要进行大量的数据处理，又不需要大量交换数据。本设计采用的 STC12C5A60S2 具备 60KB 的程序储存器、1280B 的 RAM 和 1KB 的 E²PROM，因此系统无须扩展外部程序储存器和数据储存器即可满足多数设计要求。单片机最小系统结构框图如图 4.1.2 所示。当然，也可根据系统需要或设计程序来选择不同容量的单片机。

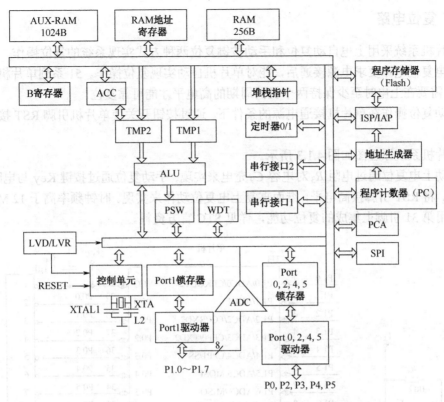

图 4.1.1 STC12C5A60S2 单片机的内部结构图

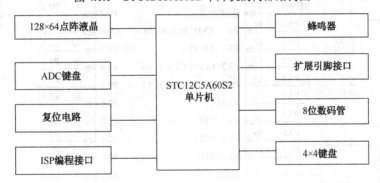

图 4.1.2 单片机最小系统结构框图

4.1.2 单片机系统时钟电路和复位电路简介

1. 时钟电路

单片机内部有一个高增益反相放大器，它用于构成振荡器。通常在 XTAL1 和 XTAL2 引脚之间跨接一个石英晶体 Y1 和两个频率补偿电容 C_{10}、C_{11} 构成自激振荡器，其结构如图 4.1.3 的左下角所示。晶振可以选择 35MHz 以下的石英晶体，补偿电容一般为瓷片电容，容量为 10～30pF。

2. 复位电路

单片机系统采用上电自动复位和手动按键复位两种方式实现系统的复位操作。

上电复位电路要求电源接通后，能对单片机自动实现复位操作。51系列单片机复位引脚 RST 需要在上电时至少保持两个机器周期的高电平才能可靠复位。

手动复位操作在单片机接通电源的条件下，通过按钮开关使单片机引脚 RST 接到高电平复位。

单片机系统原理图如图 4.1.3 所示。

自动上电复位通过电阻 R_3 对电容 C_9 充电来实现；手动复位通过按键 Key 与电阻 R_4 对 C_9 放电，将 RST 引脚接高电平，继而重复上电复位动作来实现。时钟频率高于 12 MHz 时，建议使用第 31 引脚上集成的复位功能，详见 STC 官方资料。

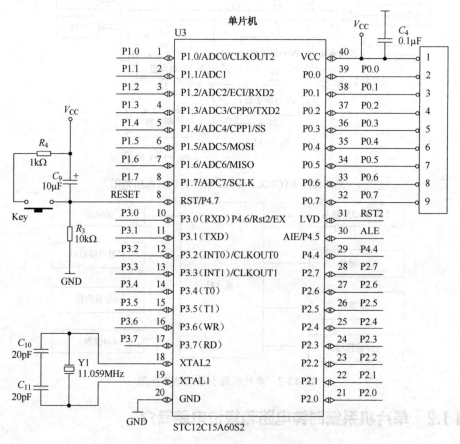

图 4.1.3　单片机系统原理图

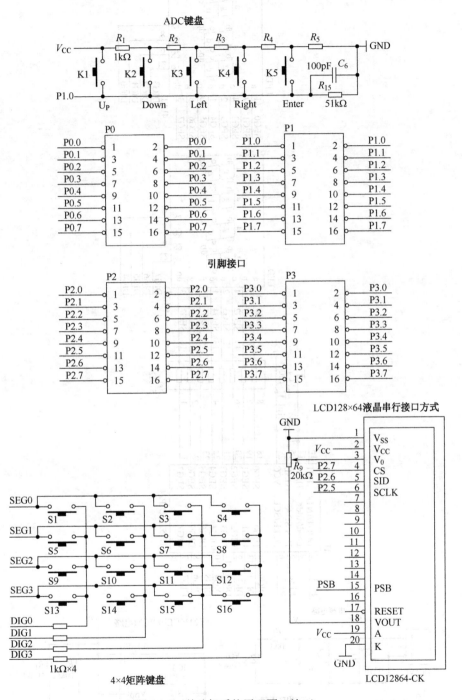

图 4.1.3 单片机系统原理图（续 1）

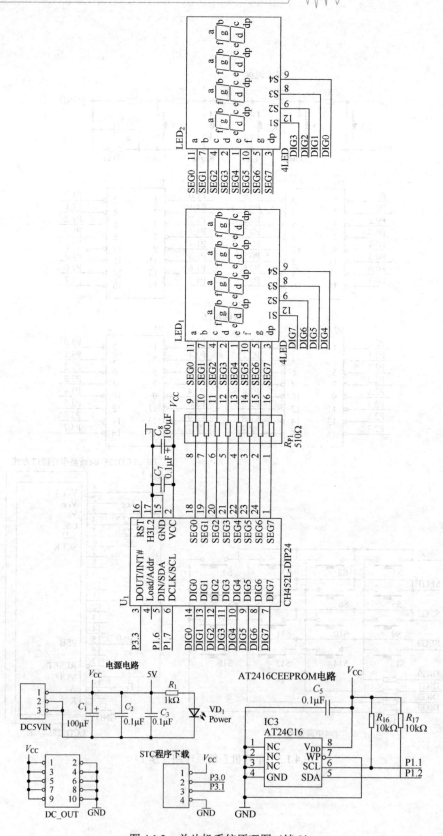

图 4.1.3 单片机系统原理图（续 2）

4.2 人机接口技术

单片机应用系统通常需要人机对话，既包括人对应用系统的状态干预和数据输入，又包括应用系统向人显示运行状态与运行结果等。键盘、显示器件是用来完成人机对话活动的通道。本节介绍单片机系统的键盘、数码管显示与液晶显示等的电路设计及其程序设计。

4.2.1 A/D 采样键盘电路及其程序设计

单片机通常使用机械触点的按键开关，其主要功能是把机械上的通断转换为电气上的逻辑关系。在使用少量按键的情况下，可采用 I/O 接口直接连接按键的形式作为输入。若所用单片机的 I/O 接口较少，则需考虑使用较少 I/O 接口即可实现多按键的输入方式。本系统设计一个使用单片机自带 ADC 控制的 A/D 采样键盘，一个 I/O 接口接入 5 个按键，ADC 键盘电路如图 4.2.1 所示。按键的一端接到一起并送入单片机具有 ADC 功能的 P1.0 口，另一端接由 1kΩ 电阻组成的分压网络，R_{15} 保证在没有按键按下时输入端口不悬空，并能读到一个固定的零电位。需要更多的按键时，读者可按照规律自行扩展；为了在读取按键时能准确区分不同的按键，建议最多不超过 16 个按钮（此时每个按键 A/D 采样后的范围仅为 $2^8/16 = 16$）。

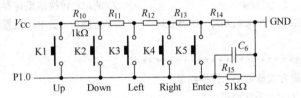

图 4.2.1 ADC 键盘电路

A/D 采样键盘电路的原理如下：当其中的某个按键被按下时，电阻分压网络中的不同电压值被送入单片机的采样端口 P1.0，单片机读取 A/D 转换后的电压值，即可分辨出不同的按键。本设计不需要知道当前电压的具体数值，而只需知道分压比即可识别按键。STC12C5A60S2 的内部 ADC 为 10 位，使用 V_{CC} 作为电压基准，只取 ADC 转换器 10 位结果中的高 8 位，采样端口上的电压被转换后，最大为十进制 255（K1 按下接 V_{CC} 时），最小为十进制 0（无按键按下时通过电阻 R_{15} 接地）。电路采用的电阻是精度为 5% 的普通电阻，A/D 键盘与采样电压之间的关系见表 4.2.1，测试结果见表 4.2.2。

表 4.2.1 A/D 键盘与采样电压之间的关系

按 键	K1	K2	K3	K4	K5	无 按 键
电压理论值	V_{CC}	$\frac{4}{5}V_{CC}$	$\frac{3}{5}V_{CC}$	$\frac{2}{5}V_{CC}$	$\frac{1}{5}V_{CC}$	GND
ADC 采样数值	> 250	190～205	145～155	95～105	45～55	< 5

表 4.2.2 测试结果

按 键	K1	K2	K3	K4	K5	无 按 键
ADC 采样数值	255	201	149	99	49	0

使用 STC12CSA60S2 增强型单片机的 A/D 功能时，需要注意配置 P1 口的输入/输出模式。P1 口配置为输入（高阻）模式后，才能正确采集到外部引脚上的电压信号，否则内部上拉电阻和下拉电阻会影响外部的电压信号。根据前面的分析，使用单片机自带 ADC 的编程步骤为：配置 P1M1 寄存器，将该端口设置为高阻态输入；配置 PIASF 寄存器，打开 ADC 功能；配置 ADC 控制寄存器的电源控制位、转换速度及转换通道，启动 ADC 等待转换完毕，读取转换结果，根据表 4.2.1 查询按键值。单片机自带 ADC 的介绍与使用详见 4.3.1 节。下面只给出 ADC 初始化程序、读取 A/D 转换结果与判断按键值的程序（已测试）。

```
/***********************************/
/*单片机系统测试程序                 */
/*作者：Jmpxwh                      */
/*源文件请到www.dianzisheji.com下载  */
/***********************************/
/***********函数说明：初始化ADC寄存器，设置P1.0为ADC输入功能**********/
void Init_ADC(void)
{
P1M1|=0x01;                            //设置P1.0口为输入（高阻态）
P1ASF|=0x01;                           //打开P1.0口的ADC功能
ADC_RES=0;                             //清ADC转换结果寄存器
ADC_CONTR=ADC_POWER|ADC_SPEED3;        //使能A/D供电，设置转换速度90T
}
/***********************************
函数说明：查询方式读取ADC转换结果
入口参数：ch为ADC采样通道
出口参数：ADC_RES为ADC转换结果
***********************************/
unsigned char Get_ADC_Result(unsigned char ch)
{
  ADC_RES=0;                               //ADC 转换结果寄存器
  ADC_CONTR=ADC_POWER|ADC_SPEED3|ch|ADC_START; //配置ADC、转换通道并启动转换
  _nop_();_nop_;
  _nop_();_nop_;                         //等待设置ADC_POWER完毕
  While(!(ADC_CONTR&ADC_FLAG));          //读取转换完毕标志位ADC_FLAG
  ADC_CONTR&=ADC_FLAG;                    //清除ADC_FLAG标志位
/***********************************
函数说明：读取按键值
出口参数：按键值，无值为0，有值为对应的数字
***********************************/
unsigned char Get_Key(void)
{
    unsigned char temp,key_value;
    Temp=Get_ADC_Result(0);        //键盘接在P1.0口，即ADC转换的0通道
if(temp<5)                         //ADC结果小于5则无按键按下，key=0
```

```
{key_value=0;}
else
{
  if((temp<55)&&(temp>45))        //K5按下
{key_value=5;}
else
{if((temp<105)&&(temp>95))        //K4按下
{key_value=4;}
else
{if((temp<155)&&(temp>145))       //K3按下
{key_value=3;}
else
{if((temp<205)&&(temp>195))       //K2按下
{key_value=2;}
else
{if(temp>250)                     //K1按下
    key_value=1;
else
    key_value=0;
        }
}
}
}
}
return key_value;       //返回按键值，无键按下为0，有键按下为对应的按键数字
}
```

使用 ADC 键盘时，主程序只需执行初始化 ADC 函数一次，之后调用 Get_Key() 函数即可获取当前按键。例如，

```
void main(void)
{
   Init_ADC();          //初始化ADC
while(1)
{
   if(Get_Key())        //读取按键值，如果为非0，即有键按下，进入按键处理
{
   ...;                 //按键相关的处理程序
}
}
}
```

4.2.2 矩阵式 4×4 键盘电路及其程序设计

因本单片机系统增加了一个专用键盘显示芯片，因此这里仅简单分析矩阵式 4×4 键盘，实际使用时请按需要进行设置。矩阵式 4×4 键盘电路如图 4.2.2 所示，它接到单片机

的 P3 口。将 P3 口分为高低两个半字节，分别接到键盘的列、行。读取按键值时，采用翻转扫描法。用 C 语言编写的具体实现程序如下（已测试）。

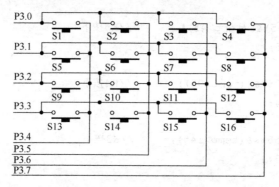

图 4.2.2 矩阵式 4×4 键盘电路

```
/*****************************************/
/*单片机系统测试程序                       */
/*作者:Jmpxwh                            */
/*源文件请到www.dianzisheji.com下载        */
/*****************************************/
#include<REG52.H>
#define KEYBOARD  P3                    //定义键盘接口地址
bit scan bit=1;                         //定义扫描次数标志
/*****************************************
函数说明:翻转法扫描4×4键盘，外部调用此函数即可获得按键值
出口参数:有键按下返回按键值0～F，无键按下或多个按键按下则返回0xFF
*****************************************/
unsigned char Scan_Key(void)
{
unsigned char i,temp;
i=0xff                                  //先预置无按键按下后的返回值
KEYBOARD=0x0f;                          //发送高4位（列）为0，低4位（行）为1
temp=KEYBOARD & 0x0f;                   //读取该端口的状态到temp内
if(temp!=0x0f)                          //将读回的端口状态与送出的数据对比，
                                        //相同则表示无键按下
{
scan_bit=~scan_bit;                     //判断是第几次扫描按键
if(scan_bit)
{
    KEYBOARD=0xf0;                      //翻转发送高4位（列）为1，低4位（行）为0
      temp=temp|(KEYBOARD & 0xf0);      //将读取的2次端口状态保存
 swich(temp)
{  /*******************按键0123*******************/
case 0x7E:      i=0x00;break;case 0xBE:    i=0x01;break;
case 0xDE:      i=0x02;break;case 0xEE:    i=0x03;break;
    /*******************按键4567*******************/
case 0x7D:      i=0x04;break;case 0xBD:    i=0x05;break;
case 0xDD:      i=0x06;break;case 0xED:    i=0x07;break;
```

```
        /*********************按键89AB*********************/
  case 0x7B:        i=0x08;break;case 0xBB:    i=0x09;break;
  case 0xDB:        i=0x0A;break;case 0xEB:    i=0x0B;break;
        /*********************按键CDEF*********************/
  case 0x77:        i=0x0C;break;case 0xB7:    i=0x0D;break;
  case 0xD7:        i=0x0E;break;case 0xE7:    i=0x0F;break;
        /*****无按键或2个以上按键同时按下的情况*********/
  default:        i=0xFF;break;
  {
  do
  {   KEYBOARD=0x0f;
      temp=KEYBOARD & 0x0f;
       { while(temp!=0x0f);          //等待按键释放
      }
    }
  }
  return i;
    }
```

由矩阵键盘电路可知,任何一个按键都跨接在行、列的交点处。按键按下时,与此键连接的行列 I/O 被接通。若其中的一个 I/O 为低电平,另一个为高电平,则此时高电平被拉低,两个 I/O 都变为低电平。利用这个特点,将单片机连接键盘的端口分为行、列两部分,在电路中行接低 4 位,列接高 4 位。主程序采用查询方式读键值,只有按键返回值不等于 0xff 时,才表明有按键按下。一般采用翻转法扫描按键时,需要以下几步。

(1)单片机向接键盘的端口送出一组特定的数据,读回该端口的状态后,与送出的数据进行对比,根据变化与否来判断是否有键按下。送到端口的数据一般高 4 位(列)为 0,低 4 位(行)为 1(即 0x0f),然后将端口状态读回,判断低 4 位是否仍然为 1。若无变化,则表示没有键按下;否则表示有键按下。

(2)确定引脚电平状态有变化后,先将去抖标志 scan_bit(初始化为 1)取反。取反后 scan_bit=0 表示第一次进入按键扫描程序,scan_bit=1 表示第二次进入按键扫描程序,进入翻转扫描部分,否则退出扫描状态,目的是去掉机械按键按下时产生的抖动干扰。

(3)执行步骤(2)后,若 scan_bit=1,则表示第二次进入按键扫描程序,接着将扫描信号翻转,0x0f 变为 0xf0,即高 4 位(列)为 1,低 4 位(行)为 0(即 0xf0),读取端口状态后与前面的 temp 进行按位或操作,将结果保存到 temp,即 temp=temp|(KEYBOARD & 0xf0)。

(4)根据 temp 的数值与实际按键电路的组合顺序,确定按键值,然后等待按键释放后将按键值返回。由于单片机的执行速度比人的反应速度快得多,若不等待按键释放,则在按键被按下的过程中,单片机会执行多次读取按键操作,获得多个当前的按键值,从而扰乱程序的正常运行。

4.2.3　专用按键显示芯片电路及其程序设计

一般情况下,人机交互可直接使用单片机驱动矩阵式键盘与数码管动态显示的方式来完成。当需要与 FPGA 或其他芯片进行通信时,单片机的端口便显得不够用,此时可用专用键盘显示芯片来完成输入与显示功能，单片机只需几个 I/O 与芯片通信。本节介绍 CH452L 芯片驱动键盘扫描与显示电路，以及与单片机的硬件连接与通信程序设计。

CH452L 是一款数码管显示驱动和键盘扫描控制芯片。该芯片内置时钟振荡电路，可以动态驱动 8 位数码管，具有 BCD 译码、闪烁、移位、段位寻址、光柱译码等功能，同时还可以进行 64 键的键盘扫描，并且可以通过级联的 4 线串行接口或 2 线串行接口与单片机进行数据交换。图 4.2.3 给出了单片机与 CH452L 的接口示意图。

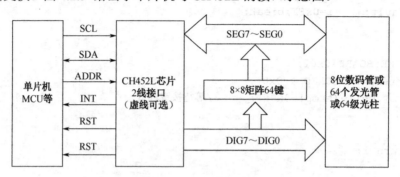

图 4.2.3 单片机与 CH452L 的接口示意图

CH452L 的 H3L2 引脚为低电平时，通过 2 线串行接口与单片机相连，单片机与 CH452L 连接的硬件电路如图 4.2.4 所示。该电路使用 CH452L 驱动 8 个共阴极数码管与一个 4×4 矩阵键盘。使用其键盘功能时，INT#引脚的信号线可以连接到单片机的中断输入引脚或普通 I/O 引脚供查询。如果按键中断输出方式选择"低电平脉冲"，那么还可用 SDA 代替 INT# 向单片机提供键盘中断。本设计使用 CH452L 中具备中断休眠功能的 SEG0～SEG3 接口来驱动 4×4 键盘。表 4.2.3 显示了 CH452L 驱动矩阵键盘时产生的代码，对应于本电路的按键代码如表中左上角的加粗部分所示。注意，该芯片在驱动数码管显示时，单路 SEG 输出电流可达 80mA，8 路同时输出时，电流可超过 500mA，电路中的电容 C_8（100μF）必不可少，缺少时会导致显示不正常，尤其是在使用计算机的 USB 接口供电时更不能缺少。关于 CH452L 的具体介绍以及详细使用规则，请参阅 CH452L 的官方资料。

表 4.2.3 CH452L 驱动矩阵键盘时产生的代码

按键编码	DIG0	DIG1	DIG2	DIG3	DIG4	DIG5	DIG6	DIG7
SEG0	00H	01H	02H	03H	04H	05H	06H	07H
SEG1	08H	09H	0AH	0BH	0CH	0DH	0EH	0FH
SEG2	10H	11H	12H	13H	14H	15H	16H	17H
SEG3	18H	19H	1AH	1BH	1CH	1DH	1EH	1FH
SEG4	20H	21H	22H	23H	24H	25H	26H	27H
SEG5	28H	29H	2AH	2BH	2CH	2DH	2EH	2FH
SEG6	30H	31H	32H	33H	34H	35H	36H	37H
SEG7	38H	39H	3AH	3BH	3CH	3DH	3EH	3FH

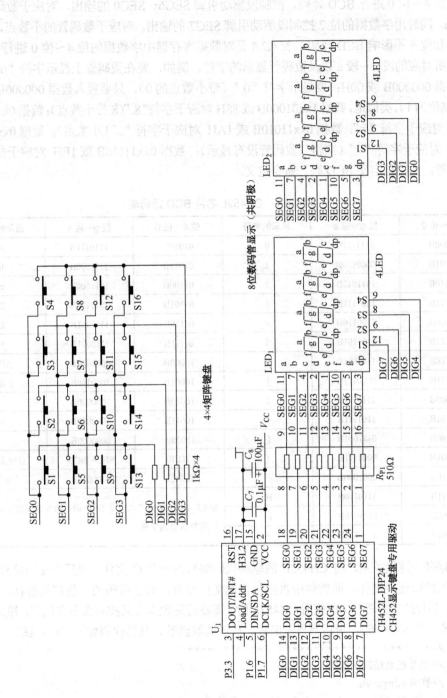

图 4.2.4 单片机与 CH452L 连接的硬件电路

　　CH452L 芯片具有 BCD 译码显示功能，单片机只需给出显示数据的二进制 BCD 码，由 CH452L 将其译码后，直接驱动数码管显示对应的字符。BCD 译码方式是指对数据寄存器中字数据的位 4～位 0 进行 BCD 译码，控制段驱动引脚 SEG6～SEG0 的输出，对应于数码管的段 g～段 a，同时用字数据的位 7 控制段驱动引脚 SEG7 的输出，对应于数码管的小数点，字数据的位 6 和位 5 不影响 BCD 译码。表 4.2.4 是对数据寄存器中字数据的位 4～位 0 进行 BCD 译码后，所对应的段 g～段 a 以及数码管显示的字符。例如，要在数码管上显示字符 "0"，只要置入数据 000000B 或 00H；要显示字符 "0."（带小数点的 0），只要置入数据 000000B 或 80H（即最高位为 1）。类似地，数据 1xx01000B 或 88H 对应于字符 "8."（8 带小数点）；数据 0xx10011B 或 13H 对应于字符 "="；数据 0xx11010B 或 1AH 对应于字符 "."（小数点）；数据 0xx10000B 或 10H 对应于字符 "　"（空格，数码管没有显示）；数据 0xx11110B 或 1EH 对应于自定义的特殊字符，由 "自定义 BCD 码" 命令定义。

表 4.2.4　CH452L 芯片 BCD 译码表

位 4～位 0	段 g～段 a	显示的字符	位 4～位 0	段 g～段 a	显示的字符
00000B	0111111B	0	01010B	1110111B	A
00001B	0000110B	1	01011B	1111100B	b
00010B	1011011B	2	01100B	1011000B	c
00011B	1001111B	3	01101B	1011110B	D
00100B	1100110B	4	01110B	1111001B	E
00101B	1101101B	5	01111B	1110001B	F
00110B	1111101B	6	10000B	0000000B	空格
00111B	0000111B	7	10001B	1000110B	−1 或+1
01000B	1111111B	8	10010B	1000000B	−
01001B	1101111B	9	10011B	1000001B	=
10100B	0111001B	[	11010B	0000000B	
10101B	0001111B	]	11110B	SELF_BCD	自定义字符
10110B	0001000B	−	其余值	0000000B	空格
10111B	1110110B	H	SELF_BCD 是由 "自定义 BCD 码" 命令定义的新字符，复位后默认值为空格		
11000B	0111000B	L			
11001B	1110011B	P			

　　根据硬件连接关系，将 CH452L 的驱动代码编写为一个 C 文件。以后在使用单片机时，只需对照接口连接硬件，而软件中直接包含此文件即可。对于代码的一些相关解释，请参考 CH452L 芯片的官方资料。在使用 CH452L 时，需要首先预定义其控制命令字代码，然后写 I²C 通信函数（见 4.4.3 节），最后写显示函数、按键读取函数。具体代码如下（已测试）。

```
/**************************************/
/*单片机系统测试程序                  */
/*作者:Jmpxwh                         */
/*源文件请到www.dianzisheji.com下载   */
/**************************************/
Include<reg52.H>
#include<intrins.h>
/***************CH452L常用命令码**********/
```

```
#define CH452_NOP          0x0000    //空操作
#define CH452_RESET        0x0201    //复位
#define CH452_LEVEL        0x0100    //加载光柱值，需另加7位数据
#define CH452_CLR_BIT      0x0180    //段位清0，需另加6位数据
#define CH452_SET_BIT      0x01C0    //段位置1，需另加6位数据
#define CH452_SLEEP        0x0202    //进入睡眠状态
#define CH452_LEFTMOV      0x0300    //设置移动方式——左移
#define CH452_LEFTCYC      0x0301    //设置移动方式——左循环
#define CII452_RIGHTMOV    0x0302    //设置移动方式——右移
#define CH452_RIGHTCYC     0x0303    //设置移动方式——右循环
#define CH452_SFLF_BCD     0x0380    //自定义BCD码，需另加7位数据
#define CH452_SYSOFF       0x0400    //关闭显示、关闭键盘
#define CH452_SYSON1       0x0401    //开启显示
#define CH452_SYSON2       0x0403    //开启显示、键盘
#define CH452_SYSON2W      0x0423    //开启显示、键盘，真正2线接口
#define CH452_NO_BCD       0x0500    //设置默认显示方式，可另加3位
                                     //扫描极限
#define  CH452_BCD         0x0580    //设置BCD译码方式，4位扫描占空
                                     //比（默认0为16/16）
#define CH452_TWINKLE      0x0600    //设置闪烁控制，需另加8位数据
#define CH452_GET_KEY      0x0700    //获取按键，返回按键代码
#define CH452_DIG0     0x0800        //数码管位0显示，需另加8位数据
#define CH452_DIG1     0x0900        //数码管位1显示，需另加8位数据
#define CH452_DIG2     0x0a00        //数码管位2显示，需另加8位数据
#define CH452_DIG3     0x0b00        //数码管位3显示，需另加8位数据
#define CH452_DIC4     0x0c00        //数码管位4显示，需另加8位数据
#define CH452_DIG5     0x0d00        //数码管位5显示，需另加8位数据
#define CH452_DIG6     0x0e00        //数码管位6显示，需另加8位数据
#define CH452_DIG7     0x0f00        //数码管位7显示，需另加8位数据
/ ***** CH452在BCD译码方式下的特殊字符********/
#define CH452_BCD_SPACE    0x10
#define CH452_BCD_PLUS     0x11
#define CH452_BCD_MINUS    0x12
#define CH452_BCD_EQU      0x13
#define CH452_BCD_LEFT     0x14
#define CH452_BCD_RICHT    0x15
#define CH452_BCD_UNDER    0x16
#define CH452_BCD_CH_H     0x17
#define CH452_BCD_CH_L     0x18
#define CH452_BCD_CH_P     0x19
#define CH452_BCD_DOT      0x1A
#define CH452_BCD_SELF     0x1E
#define CH452_BCD_TEST     0x88
#define CH452_BCD_DOT      0x80
/ *********2线接口的CH452L定义******* /
#define CH452_12_ADDRO     0x40      //CH452的ADDR=0时的地址
#define CH452_12C_ADDR1    0x60      //CH4512的ADDR=1时的地址，默认值
```

```
#define CH452_2C_MASK 0x3E              //CH452的2线接口高字节命令掩码
#define DELAY_IO{_nop_();_nop_();}     //I/O操作需延时，STC单片机12MHz
                                        //下2个即可
/********此程序作为头文件CH452L对外子程序声明****************/
extern unsigned char CH4S2_Read_Key(unsigned char mode);
//从CH452L读取按键代码
extern void CH452_Write(unsigned short cmd);
                                        //向CH452L发出操作命令、显示等
/****************************************************/
CH452L与单片机的端口连接；CH452_ADDR=1，即地址选择脚接VCC；
CH452的H3L2引脚接VCC，使用2线接口模式；CH452_INT接单片机
P3.3（INT1）方便使用中断获取按键值
/**********************************************/
sbit CH452_SCL=P1^7;
sbit CH452_SDA=P1^6;
sbit CH452_INT=P3^3;
unsigned char volatile key;            //定义一个按键值变量
/*****************************************
函数说明：模拟I²C启动
*************************************/
void CH452_I2C_Start(void)
{
CH452_SDA=1;DELAY_IO;                  //发送起始条件的数据信号
CH452_SCL=1;DELAY_IO;
CH452_SDA=0;DELAY_IO;                  //发送起始信号
CH452_SCL=0;DELAY_IO;                  //钳住I²C总线，准备发送或接收数据
}
/******************************************
函数说明：模拟I²C结束
***********************************/
void CH452_I2C_Stop(void)
{
CH452_SDA=0;DELAY_IO;
CH452_SCL=1;DELAY_IO;

CH452_SDA=1;DELAY_IO;//发送I²C总线结束信号
}
/*******************************
函数说明：模拟I²C写1字节数据
入口参数：dat=要写入的数据或命令
*******************************/
void CH452_I2C_WrByte(unsigned char dat)
{
unsigned char i;
for(i=0;i!=8;i++)                      //输出8位数据
    {
if(dat&0x80){CH452_SDA=1;}
```

```
else{CH452_SDA=0;}
DELAY_IO;
CH452_SCL=1;
dat<=1;DELAY_IO;
CH452_SCL=0;DELAY_IO;
}
CH452_SDA=1;DELAY_IO;
CH452_SCL=1;DELAY_IO;              //接收应答
CH452_SCL=0;DELAY_IO;
}
/*****************************
函数说明:模拟I²C读取1字节数据
出口参数:dat=要读取的数据,一般为按键值
*****************************/
unsigned char  CH452_I2C_RdByte(void)
{
unsigned char dat,i;
CH452_SDA=1;DELAY_IO;
dat=0;
for (i=0;i!=8;i++)                //输入8位数据
{
CH452_SCL=1; DELAY_IO;
dat<=1;
if(CH452_SDA) dat++;             //输入1位
CH452_SCL=0; DELAY_IO;
}
CH452_SDA=1;DELAY_IO;
CH452_SCL=1;DELAY_IO;              //发出无效应答
CH452_SCL=0;DELAY_IO;
return dat;
}
/*****************************
函数说明:模拟I²C写入指令
入口参数:cmd=要写入的指令代码
*****************************/
void CH452_Write(unsigned int cmd)
{
CH452_I2C_Start();                //启动总线
CH452_I2C_WrByte((unsigned char)(cmd>>7))&CH452_I2C_MASK|CH452_I2C_ADDR1);
CH452_I2C_WrByte(unsigned char)cmd);   //发送数据
CH452_I2C_Stop();                 //结束总线
  /*****************************
  函数说明:模拟I²C读取CH452按键值
  入口参数:read_cmd=读取指令代码
  出口参数:按键值0x00~0x3F
  *****************************/
unsigned char CH452_Read(unsigned int read_cmd)
```

```
unsigned char temp;
CH452_I2C_Start();              //启动总线
CH452_I2C_WrByte(unsigned char)
 (read_cmd>>7)&CH452_I2C_MASK|CH452_I2C_ADDR1|0x01)
temp=CH452_I2C_RdByte();  //读取数据
CH452_I2C_Stop();               //结束总线
 return tem p;
}
 /*****************************************************
  函数说明:模拟I²C读取CH452L按键值
  入口参数:mode=1返回按键ASCII码, mode=0返回十六进制数
  出口参数:按键值,ASCII码或者十六进制数
  2012.7.25 By jmpxwh
  *****************************************************/
  unsigned char CH452_Read_Key(unsigned char mode)  //返回按键值
{
    unsigned char key_temp,key_temp2;
    key_temp=CH452_Read(CH452_GET_KEY);
switch(key_temp&0x3F)
   {//此处代码由矩阵4*4薄膜键盘测试而来,也可根据注释对照键盘写相应的返回代码
case 0x00:key_temp='D';key_temp2=0x0d;break;      //DIGO+SEG0=K1
case 0x01:key_temp='#';key_temp2=0x0f;break;      //DIGO+SEGI=K2
case 0x02:key.temp='0';key_temp2=0x00;break;      //DIGO+SEG2=K3
case 0x03:key_temp='*';key_temp2=0x0e; break;     //DIGO+SEG3=K4
case 0x08:key_temp='C';key_temp2=0x0c;break;      //DIG1+SEG0=K5
case 0x09:key_temp='9';key_temp2=0x09;break;      //DIG1+SEG1=K6
case 0x0a:key_temp='8';key_temp=0x08;break;       //DIG1+SEG2=K7
case 0x0b:key_lemp='7';key_temp2=0x07;break;      //DIG1+SEG3=K8
case 0x10:key_temp='B';key_lemp2=0x0b;break;      //DIG2+SEG0=K9
case 0x11:key_temp='6';key_temp2=0x06;break;      //DIG2+SEG1=K10
case 0x12:key_temp='5';key_temp2=0x05;break;      //DIG2+SEG2=K11
case 0x13:key_temp='4';key_temp2=0x04;break;      //DIG2+SEG3=K12
case 0x18:key_temp='A';key_temp2=0xOa;break;      //DIG3+SEG0=K13
case 0x19:key_temp='3';key_temp2=0x03;break;      //DIG3+SEG1=K14
case 0xla:key_temp='2';key_temp2=0x02;break;      //DIG3+SEG2=K15
case 0x1b:key_temp='1';key_temp2=0x01;break;      //DIG3+SEG3=K16
}
 If(mode)return(key_temp);   //返回Hex值, 0~F
 else return(key_temp2);         //返回ASCII码,供液晶显示等使用
}
 /**********************************
  函数说明:CH452L主程序, 2012.9.25, jmpxwh
  ********************************/
 void main(void)
 { EX1=1;EA=1;  //开启外部中断1的中断允许,开启全局中断允许
   CH452_Write(CH452_RESET);      //CH452复位命令
CH452_Write(CH452_SYSON2);           //开显示键盘
```

```
CH452_Write(CH452_BCD|0x05);              //BCD直接译码，0x05显示占空比
                                          //5/16，为0时，为16/16
CH452_Write(CH452_DIG0|2);                //在1~4个数码管上显示2,3,4,5
CH452_Write(CH452_DIG1|3);
CH452_Write(CH452_DIG2|4);
CH452_Write(CH452_DIG3|5);
//将要显示的数字与CH452_BCD_DOT_X或操作，增加小数点显示6.,7.,8.,9.
CH452_Write(CH452_DIG4|6|CH452_BCD_DOT_X);
CH452_Write(CH452_DIG5|7|CH452_BCD_DOT_X);
CH452_Write(CH452_DIG6181CH452_BCD_DOT_X);
CH452_Write(CH452_DIG7|9|CH452_BCD_DOT_X);
  while(1){;}  //等待CH452产生按键中断
}
  void INT1_ISR(void) interrupt 2         //外部中断1的中断服务程序
{
  key=CH452_Read_Key(0);                  //读按键值，0为返回十六进制数
CH452_Write(CH452_LEFTMOV);               //显示数据左移1位
CH452_Write(CH452_DIG0|Key);              //写入按键值
```

4.2.4　汉字液晶接口电路及程序设计

目前，在电子设计竞赛涉及的各类题目中，需要显示的内容越来越多，传统的数码管已不能满足显示复杂操作界面的要求。因此，单片机系统中除数码管显示器外，还接入了一个液晶显示模块，其型号为 QC12864B。该模块可显示 64 行 128 列的点阵数据，通过编写相应的程序可以显示英文、汉字和图形，能实现较复杂的用户操作界面。该液晶显示模块驱动芯片为ST7920，驱动电压为 3.3～5.0V，内置升压电路用于调节液晶对比度，内置有 8192 个汉字的16×16 点阵字库，128 个 ASCII 码字符点阵字库及 64×256 点阵显示 RAM（GDRAM）。液晶显示模块与单片机的硬件接口电路如图 4.2.5 所示。

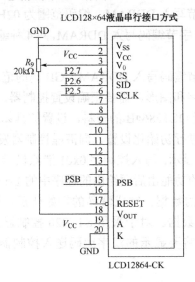

图 4.2.5　液晶显示模块与单片机的硬件接口电路

为了节省单片机的引脚，在硬件设计中采用了 ST7920 芯片的串行通信方式。液晶显示模块的 15 引脚是串行、并行通信选择引脚 PSB。该引脚出厂时默认使用并口方式，要想使用串行接口方式，需要将液晶背面电路板上的电阻 R_9 拆下并接到 R_{10} 处，使 PSB 接地；此时，只需要 3 个 I/O 即可与液晶通信，进而完成各种显示功能。

串行数据传送共分 3 字节完成。

第一字节：串口控制，格式为 11111ABC。A 为数据传送方向控制：1 表示数据从 LCD 到 MCU，0 表示数据从 MCU 到 LCD。B 为数据类型选择：1 表示数据是显示数据，0 表示数据是控制指令。C 固定为 0。

第二字节：（并行）8 位数据的高 4 位，格式为 D7, D6, D5, D4, 0000。

第三字节：（并行）8 位数据的低 4 位，格式为 D3, D2, D1, D0, 0000。

液晶显示模块串行接口时序图如图 4.2.6 所示。由图可知，单片机与液晶控制器一次通信的过程共 3 字节，一共 24 个时钟，中间无停顿，其中每个字节的数据均从高位 MSB 开始，经 8 个时钟后以低位 LSB 结束。

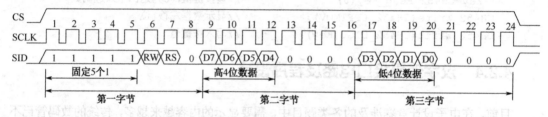

图 4.2.6　液晶显示模块串行接口时序图

采用 ST7920 控制芯片的 QC12864B 液晶显示模块可显示文本和图形。文本显示 RAM（DDRAM）提供 10 个×2 行的汉字空间，写入文本显示 RAM 时，可分别显示 CCROM、HC-GROM 与 CGRAM 的字型。QC12864B 可显示 3 种字型，分别是半宽的 HCGROM 字型、CGRAM 字型和中文 CGROM 字型。3 种字型由写入 DDRAM 中的编码选择，各种字型的详细编码如下。

显示半宽字型：将 1 字节写入 DDRAM，编码范围为 02H～7FH。

显示 CGRAM 字型：将 2 字节编码写入 DDRAM，共 4 种编码，即 0000H，0002H，0004H 和 0006H。

显示中文字型：将 2 字节编码写入 DDRAM，GB 码的范围为 A1A0H～F7FFH。

要让液晶显示字符、汉字和图形，需要正确设置控制器。液晶显示模块的控制字设置请参阅 ST7920 芯片的资料或 QC12864B 的资料，设置的具体过程如下。

（1）在系统上电后对其进行初始化设置。向液晶控制器发送控制字 0xC0 选择基本指令集；写入控制字 0xC0 打开显示；写入控制字 0x01 清除显示内容并将地址指针设为 00H；设置显示的初始行。此部分的功能由后面给出的程序中的 Lcd_init() 函数完成。

（2）指定位置显示给定的数据。完成液晶的初始化后，通过写入命令字确定显示的地址，然后写入需要显示的数据。对于采用 ST7920 控制器的液晶显示器，其内部集成了汉字点阵字库，因此只需将要显示的汉字编码送入控制器。表 4.2.5 给出了汉字在液晶中的地址。

表 4.2.5　汉字在液晶中的坐标

	X 坐标							
第一行	80H	81H	82H	83H	84H	85H	86H	87H
第二第	90H	91H	92H	93H	94H	95H	96H	97H
第三行	88H	89H	8AH	8BH	8CH	8DH	8EH	8FH
第四行	98H	99H	9AH	9BH	9CH	9DH	9EH	9FH

　　下面给出在 QC12864B 液晶显示模块指定位置显示 8×8 字符、16×16 汉字和 128×64 图形的 C 语言程序，用户可根据需要，利用相应函数编写任意大小图形和文字的函数（程序已测试）。

```
/*******************************************/
/*单片机系统测试程序                        */
/*作者：Jmpxwh                             */
/*源文件请到www.dianzisheji.com下载          */
/*******************************************/
#include<REC52.h>
Include<intrins.h>
unsigned char code BMP[]={              //此处省略
/*****一幅图像，正向取模，字节正序，宽度×高度=128x64 *******/
};
/************定义12864 LCD模块引脚*********************/
sbit LCD_CS=P1^3;                       //QC12864B串行接口:Pin4
sbit LCD_SID=P1^4;                      //QC12864B串行接口:Pin5
sbit LCD_SCLK=P1^S;                     //QC12864B串行接口:Pin6
/*********************************************
函数说明:1ms延时程序
入口参数:t为延时毫秒数，范围为0～65535
*********************************************/
void Delay_Ms(unsigned int t)          //11.0592MHz
{
      unsigned char i,j;
      while(--t)
      {
            i=11;j=190;
            while(--i)
            {
                  while(--j);
            }
      }
}
/***********************************************
函数说明:数据写入LCD函数
入口参数:Data为要写入的英文、汉字编码或点阵编码
***********************************************/
void Write_Data(unsigned char Data)
{
```

```
        unsigned char i,j.temp=0xfa;              //111111RW RSO, RS=1
        LCD_CS=1;
  for(i=8;i>0;i-)                          //写入第一字节，串口控制字，高位在前
  {
          LCD_SCLK=0;_nop_();
          LCD SID=temp&0x80;
LCD_SCLK=1;_nop_();
temp<<=1;
}
for(j=2;j>0;j-)                //写入第二、第三字节D7,D6,D5,D4,
                               //0000,D3,D2,DI,DO 0000
{
          for(i=8;i>0;i--)
    {
        if(i>4)
        {
             LCD SCLK=0;_nop_();
LCD SID=Data&0x80;
LCD SCLK=1;_nop_();
Data<<=1;
  }
  else
  {
 LCD_SCLK=0;_nop_();
LCD SID=0;_nop_();
LCD_SCLK=1;
  }
  }
}
LCD_CS=0;
}
/********************************
函数说明：写命令到LCD
入口参数：Data为要写入的命令字
********************************/
void Write_Cmd(unsigned char Data)
{
  unsigned char i,j,temp=0xf8;              //111111 RW RSO,RS=O
  LCD_CS=1;
  for(i=8;i>0;i-)                    //写入第一字节，串行接口控制字，高位在前
{
  LCD_SCLK=0;_nop_();
  LCD_SID=temp&0x80;      //写最高位数据
  LCD_SCLK=1;_nop_();
  temp<<=1;
}
for(j=2;j>0;j--)                //写入第二、第三字节D7,D6,D5,D4
```

```
                        //0000,D3,D2,DI,DO 0000
{
        for(i=8;i>0;i-)
    {
        if(i>4)
        {
            LCD_SCLK=0;_nop_();
LCD_SID=Data&0x80;                          //写最高位数据
LCD_SCLK=1;_nop_();
Data<<=1;
    }
        else
    {
            LCD_SCLK=0;_nop_();
LCD_SID=0;_nop_);
LCD_SCLK=1;
    }
}
}
LCD_CS=0;
{
/***************************************************
```

函数说明:写字符串到LCD,可以是中文或英文字符串。例如,
Write.pData("全国大学生电子设计竞赛");
Write_pData("www.dianzisheji.com");
入口参数:*Data为字符串首地址
***/

```
void Write_pData(unsigned char * Data)
{
      while(*Data)
    {
        Write_Data(*Data);
 Data ++;
    }
}
/*********************************************
```

函数说明:清屏命令
***/

```
void Clear_Screen(void)
{
Write_Cmd(0x01);
Delay_MS(10);
    }
/*********************************
```

函数说明:整屏写入数据,全亮或竖条
入口参数:Data=要写入的数据
*********************************/

```c
void Fill_Screen(unsigned char Data)
{
    unsigned char x,y;
      for(y=0;y<32;y++)
      {
            for(x=0;x<16;x++)
  {
Write_Cmd(0x36);
Write_Cmd(y+0x80);                      //行地址
Write_Cmd(x+0x80);                      //列地址
Write_Cmd(0x30);
Write_Data(Data);
Write_Data(Data);
                }
              }
Write_Cmd(0x34);
Write_Cmd(0x36);
  }
/*************************
   函数说明:清整个GDRAM空间
**********************/
void Clear_GDRAM(void)
{
      unsigned char x,y;
for(y=0;y<64;y++)                       //32~64
{
    for(x=0;x<16;x++)
    {
Write_Cmd(0x34);                        //扩展功能(RE=1)
Write_Cmd(y+0x80);                      //垂直地址
Write_Cmd(x+0x80);                      //水平地址
Write_Cmd(0x30);                        //基本功能(RE=O)
Write_Data(0x00);                       //数据D15-D08
Write_Data(0x00);                       //数据D07-DOO
  }
  }
    }
/***********************************************
函数说明:显示128×64大小图片
入口参数:*img为图片数组首地址
***********************************************/
void Disp_Img(unsigned char code *img)
{
    unsigned int j=0;
unsigned char x,y,i;
for(i=0;i<9;i+=8)
{
```

```
        for(y=0;y<32;y++)
        {
            for(x=0;x<8;x++)
            {
            Write_Cmd(0x36);          //功能设置——8BIT控制界面,扩充指令集
            Write_Cmd(y+0x80);        //行地址
Write_Cmd(x+0x80+i);                  //列地址
Write_Cmd(0x30);
Write_Data(img[j++]);
Write_Data(img[j++]);
            }
        }
    }
}
/***********************************
函数说明:显示横线
***********************************/
void Disp_H_Line()
{
        unsigned charx,y;
        unsigned char temp=0x00;
    for(y=0;y<32;y++)
    {
        temp=~temp;
        for(x=0;x<16;x++)
        {
Write_Cmd(0x36)                       //功能设置——8BIT控制界面,扩充指令集
Write_Cmd(y+0x80);                    //行地址
Write_Cmd(x+0x80);                    //列地址
Write_Cmd(0x30);
Write_Data(temp);
Write_Data(temp);
        };
            }
Write_Cmd(0x34);
Write_Cmd(0x36);
        }
/***********************************
函数说明:绘制边框
***********************************/
void Frame(void)
    {
        unsigned char x,y;
Fill_Screen(0x00);
        for(x=0;x<9;x+=8)
    {
                for(y=0;y<32;y++)
```

```
                    {
                Write_Cmd(0x36);
Write_Cmd(y+0x80);          //行地址Write_Cmd(x+0x80);        //列地址
Write_Cmd(0x30);
Write_Data(0x80);
Write_Data(0x00);
Write_Cmd(0x36);
Write_Cmd(y+0x80);          //行地址
Write_Cmd(x+0x87);          //列地址
Write_Cmd(0x30);
Write_Data(0x00);
Write_Data(0x01);
                    }
                }
            for(y=0;y<2;y++)
            {
    for(x=0;x<8;x++)
    {
Write_Cmd(0x36);
Write_Cmd(y*31+0x80);       //行地址
Write_Cmd(x+0x80+8*y);      //列地址
Write_Cmd(0x30);
Write_Data(0xff);
Write_Data(0xff);
    }
    }
Write_Cmd(0x34);
Write_Cmd(0x36);
    }
/***********************************************
函数说明:LCD初始化
**********************************************/
        void Lcd_init(void)
        {
            Write_Cmd(0x30);            //选择基本指令集
Delay-_MS(10);
Write_Cmd(0x30);
Delay_MS(10);
            Write_Cmd(0x0c);           //开显示(无游标、不反白)
            Delay_MS(10);
Write_Cmd(0x01);        //清除显示,并且设定地址指针为00H
Delay_MS(10);
Write_Cmd(0x06);        //指定在资料的读取及写入时,设定
                        //游标的移动方向及指定显示的移位
Delay_MS(10);
Clear_GDRAM();          //清除GDRAM内容
Delay_MS(10);
```

```
}
/********************************
函数说明:在第7列的位置加人两条竖线
********************************/
        void Disp_L_Line()
        {
unsigned char x,y;
for(x=0;x<9;x+=8)
{
for(y=0;y<32;y+)
{
Write_Cmd(0x36);
Write_Cmd(y+0x80);          //行地址
Write_Cmd(x+0x86);          //列地址
Write_Cmd(0x30);
Write_Data(0x00);
Write_Data(0x14);
  }
  }
  }
/*********************************
函数说明:在液晶上显示李白《静夜思》
*********************************/
void JYS(void)
{
Write_Cmd(0x30);
Clear_Seren();
Write_Cmd(0x80);
Write_pData("床前明月光,");
    Write_Cmd(0x90);
        Write_pData("疑是地上霜。");
Write_Cmd(0x88);
        Write_pData("举头望明月,");
Write_Cmd(0x98);
        Write_pData("低头思故乡。");
  }
/***************************
函数说明:开始界面
***************************/
void Welcome(void)
        {
            Write_Cmd(0x80);          //第一行(地址80H, LCD的第一行的
                                      //第一个位置,地址自动增加)

Wrie_pData("LCD12864液晶串口");
            Write_Cmd(0x90);          //第二行(地址90H, LCD的第二行的
                                      //第一个位置)

Write_pData("显示程序,请进入");
```

```
                    Write_Cmd(0x88);              //第三行（地址88H，LCD的第三行的
                                                  //第一个位置）
       Write_pData("dianzisheji.com");
                    Write_Cmd(0x98);      //第四行（地址98H，LCD的第四行的
                                          //第一个位置）
       Write_pData("下载本章程序");
                    Write_Cmd(0xa0);      //第二页的第一行，超过8个汉字自
                                          //动到下一行
                    Write_pData("全国大学生电子设计竞赛培训教程");
                    Write_Cmd(0xb8);      //第二页的第四行
                    Write_pData("2012.10.1");
               }
/**************************************
函数说明:主函数
2011.9.25
**************************************/
void main(void)
{
  unsigned char i;
while(1)
Lcd_init();          //初始化LCD 屏
Welcome();           //显示开始画面
Delay_MS(2000);
/*** 以下为不同的显示方式，请根据需要自己调整***/
  Write_Cmd(0x36);                    //设定扩充动作指令集，比如垂直滚动指
                                      //反白显示等
  Write_Cmd(0x04);                    //第一行反白显示0000,0,1,R1,R0
  Delay_MS(2000);
  Write_Cmd(0x04);                    //第一行恢复正常
  Delay_MS(1000);
  Write_Cmd(0x05);                    //第二行反白显示
Delay_MS(2000);
  Write_Cmd(0x05);                    //第二行恢复正常
Delay_MS(2000);
  Write_Cmd(0x03);                    //垂直滚动屏幕的内容
  Write_Cmd(0x60);
Delay_MS(2000);
  Write_Cmd(0x30);                    //设定基本动作指令集
  Delay_MS(10);
  Clear_CDRAM();                      //清GDRAM
Clear_Screen();                       //清屏
  Delay_MS(1000);
  Fill_Screen(0xff);
                                      //显示全开
  Delay_MS(2000);
  Disp_Img(BMP);                      //调入一幅图像
  Delay_MS(2000);
```

```
    Disp_H_Line();                      //显示横条
    Delay_MS(2000);
    Fill_Screen(0xaa);                  //显示竖条
 Delay_MS(2000);
    Frame();                            //显示边框
 Delay_MS(2000);
    JYS();                              //显示唐诗《静夜思》
 Clear_GDRAM();                         //清除GDRAM内容
    Delay_MS(1);
    Disp_L_Line();                      //加入两条竖线
 Delay_MS(2000);
 for(i=0;i<8;i++)                       //字符循环左移
 {
        Write_Cmd(0x18);                //设置游标左移
        Delay_MS(400);
 }
 }
 }
 }
```

4.3 模数、数模转换电路及其程序设计

模数、数模转换器是单片机电路中经常要用到的器件。在电子设计竞赛中，经常需要处理模拟量，还需要对模拟量的模数转换进行控制，这就要使用到模数、数模转换器。模数转换器将模拟量转换成数字量，由单片机进行处理，再将数字量转换成模拟量，对外围设备进行控制。由于单片机本身的工作速度慢，不能连接高速模数、数模转换器，同时为节省单片机的 I/O 接口资源，本节仅介绍低速串行转换器。如果需要使用高速模数、数模转换器，可用 FPGA 等高速器件对其进行控制，详见其他章节。

4.3.1 STC12C5A60S2 单片机内部的 10 位 ADC 简介及其程序设计

越来越多的单片机附带有模数转换功能，在一些对精度要求不高的场合，可以首选使用内部模数转换器，以便简化硬件电路设计，节省硬件开支。例如，STC12C5A60S2 单片机提供 8 通道 10 位逐次逼近型模数转换器，其结构图如图 4.3.1 所示。该模数转换器使用 V_{CC} 作为电压基准，由多路选择开关、比较器、逐次比较寄存器、10 位 ADC、转换结果寄存器（ADC_RES 和 ADC_RESL）和 ADC 控制寄存器 ADC_CONTR 构成。

一般来说，单片机系统的电源由三端线性稳压芯片 LM7805 提供，电压在 4.9～5.05V 之间浮动。进行模数转换时，需要知道准确的基准电压（此处为电源电压）才能在模数转换后算出正确的采样电压值。对于供电稳定的单片机系统，可测量实际工作电压值，并记录在单片机内部的某个 E²PROM 中，以供程序计算采样电压。如果 V_{CC} 不稳定（比如电池供电系统），为了计算系统当前的电源电压 V_{CC}，那么可以在 8 路 ADC 的某个通道外接一稳定的低压基准源（如 TL431），由该基准源换算出此时系统的工作电压，再以此为依据算出其他几路通道的电压。

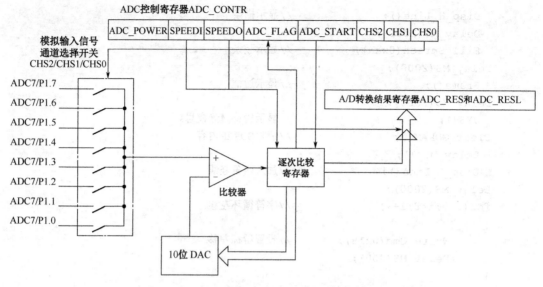

图 4.3.1 STC12C5A60S2 内部模数转换器结构图

使用增强型单片机的模数转换功能时，需要注意配置该端口的输入/输出模式，一般需配置为输入（高阻）模式才能正确地采集到外部引脚上的电压信号，否则内部的上拉电阻和下拉电阻会影响外部的电压信号。

一般情况下，使用 STC 单片机自带 ADC 的编程步骤为：配置 P1M1 寄存器，将该端口设置为高阻态输入，配置 PIASF 寄存器打开 ADC 功能，配置 ADC 控制寄存器的电源控制位、转换速度及转换通道，然后启动 ADC，等待转换完毕读取转换结果。使用查询方式读取 ADC 转换完毕标志位 ADC_FLAG 时，要注意 ADC 转换时钟为内部 RC 时钟，它与 CPU 系统时钟不同步，设置完 ADC_CONTR 寄存器后，需等待 4 个 NOP 空操作，才能正确地读取 ADC 控制寄存器中的转换完毕标志位 ADC_FLAG。由于 STC12C5A60S2 单片机增加的 ADC 功能是以前 51 系列单片机所不具备的，因此需要采用特定的头文件（如 STC_NEW_8051.H）才能使用 ADC 相关的寄存器。若采用的是 reg51.h 一类的通用性头文件，则需要增加特殊功能寄存器的预定义代码，这些寄存器在单片机复位后全部被初始化为 0。使用 reg51.h 通用头文件，以 P1.0 口为例采用查询方式读取 ADC 转换结果的关键程序如下（已通过测试）。

```
/***********************************************************/
/*单片机系统测试程序                                        */
/*作  者:Jmpxwh                                            */
/*源文件请到www.dianzisheji.com下载                         */
/***********************************************************/
Include<reg51.h>
Include<intrins.h>
/*ADC 控制寄存器:ADC_POWER,SPEED1,SPEED0,ADC_FLAG,ADC_START,CHS2,CHS1,CHS0*/
sfr   ADC_CONTR=0xBC;
/*A/D转换结果高8位:ADCV.9,ADCV.8,ADCV.7,ADCV.6;ADCV.5,ADCV.4,ADCV.3,ADCV.2*/
sfr  ADC_RES=0xBD;
/*A/D转换结果低2位;0,0,0,0,0,0,ADCV.1,ADCV.0 */
sfr   ADC_RESL=0xBE;
```

```
sfr   P1ASF=0x9D; //P1引脚功能选择寄存器
sfr   P1M0=0x92;  //P1引脚端口模式寄存器
sfr   P1M1=0x91;  //P1引脚端口模式寄存器
#define ADC_POWER 0x80        //ADC电源控制位
#define ADC_FLAG 0x10         //ADC完成标志位
#define ADC_START 0x08        //ADC启动控制位
#define ADC_SPEED0  0x00      //ADC转换速度，一次转换需要540个时钟
#define ADC_SPEED1  0x20      //ADC转换速度，一次转换需要360个时钟
#define ADC_SPEED2  0x40      //ADC转换速度，一次转换需要180个时钟
#define ADC_SPEED3  0x60      //ADC转换速度，一次转换需要90个时钟
/*************************************************
函数说明：初始化ADC寄存器，设置P1.0为ADC输入功能，采用查询方式
*************************************************/
void Init_ADC(void)
{
P1M1|=0x01;       //设置P1.0口为输入（高阻态）
P1ASF|=0x01;      //打开P1.0口的ADC功能
ADC_RES=0;        //清ADC转换结果寄存器
ADC_CONTR=ADC_POWER|ADC_SPEED3; //使能A/D供电，设置转换速度90T
}
/*********************************************
函数说明：查询方式读取ADC转换结果
入口参数：ch=ADC采样通道
出口参数：ADC_RES=ADC转换结果
*********************************************/
unsigned char Get_ADC_Result(unsigned char ch)
{
ADC_RES=0;                    //清ADC转换结果寄存器
ADC_CONTR=ADC_POWER|ADC_SPEED3|ch|ADC_START;
                             //配置ADC，设置转换通道，启动转换
_nop_();_nop_();_nop_();_nop_();//等待设置ADC_POWER完毕

while(!(ADC_CONTR&ADC_FLAG));  //读取转换完毕标志位ADC_FL.AG
ADC_CONTR &=~ADC_FLAG;         //清ADC_FLAG 标志位
return ADC_RES;                //返回ADC转换结果高8位
}
```

若想在 ADC 转换期间不占用 CPU 的时间，可采用中断方式。配置 ADC 中断方式时，需配置与 ADC 相关的 IE 寄存器。STC12C5A60S2 将寄存器 IE.5 扩充为 ADC 中断使能位 EADC，即如果使用中断方式，那么要在 void Init_ADC(void) 函数内增加两行代码：

```
IE1|=0x20;   //将EADC 置1，打开ADC 中断允许位，IE 5=1
EA=1;        //打开全局中断允许位
```

假设系统已经定义了一个 16 位全局变量 ADC_Value，那么对应的 ADC 中断函数为

```
void ADC_ISR(void) interrupt 5
{
ADC_CONTR &=!ADC_FLAG;      //清ADC 中断标志位
ADC_Value=((unsigned int) ADC_RES<<2)|ADC_RESL;
ADC_CONTR=ADC_POWER|ADC_SPEED3|ADC_START| ch;
```

4.3.2 串行模数转换电路及其程序设计

很多单片机都附带有模数转换功能，在一些对精度要求不高的场合，可以首选内部模数转换器以节省硬件开支，但目前的设计中一般都采用 V_{CC} 作为 ADC 的基准源，因此在某些需要采样精度高、采样电压较低的设计中便存在不足。高精度串行输入的模数转换芯片既可节省单片机的连接端口，又可提高系统的采样精度，因此越来越多地被人们采用。例如，具有三线接口的 12 位模数转换芯片 TLC2545、MAX187 和 14 位模数转换芯片 TLC3578、MAX1148、AD7894 等。本节以 12 位的 MAX187 为例，简单介绍串行模数转换器的接口电路及其程序设计。

1. 芯片性能

MAX187 是串行 12 位模数转换芯片，可在单 5V 电源下工作，能承受 0～5V 的模拟输入。MAX187 内部自带 4.096V 的电压基准，具有快速采样/保持（1.5μs）功能，自带片内时钟、高速三线串行接口，采样率为 75kHz。它通过一个外部时钟从内部读取数据，并且不需要外部硬件即可与大多数的微控制器通信，接口与 SPI、QSPI 和 Microwire 兼容。MAX187 自带内部基准，采用节约空间的 8 引出端 DIP 封装，具有极低的电源消耗，工作时消耗的功率为 7.5mW，在关断模式下消耗的功率能降至 10μW。该芯片具有优异的 AC特性和极低的电源消耗，使用简单，适用于对电源消耗和空间要求苛刻的场合。

2. 引出端及其功能

MAX187 具有 DIP 和 SOP 两种封装形式，其引出端排列如图 4.3.2 所示。MAX187 各引脚的具体功能见表 4.3.1。在使用时应注意，$\overline{SHDN}$ 为三态输入引脚，悬空时 SREF 端子为 ADC 内部的参考电压输出端，拉高时通过 REF 端子输入外部参考电压，拉低时 MAX187 进入关断模式。

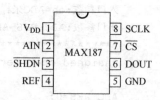

图 4.3.2　MAX187 引出端排列

表 4.3.1　MAX187 各引脚的具体功能

引　脚	符　号	功　　能
1	VDD	正电源电压，5V±5%
2	AIN	内转换的模拟信号输入端，输入电压范围为 0～V_{REF}
3	$\overline{SHDN}$	三态关段输入引脚，拉低时进入关断模式，拉高时选择外部参考电压，悬空时选择内部参考电压
4	REF	参考电压输出端
5	GND	模拟地和数字地
6	DOUT	数据输出端
7	$\overline{CS}$	片选信号输入端
8	SCLK	串行时钟输入端

3. MAX187 的串行接口工作时序

MAX187 的串行接口工作时序图如图 4.3.3 所示。

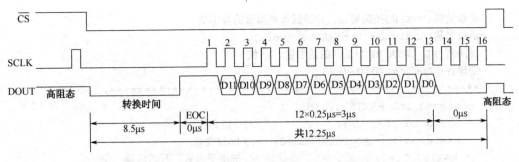

图 4.3.3　MAX187 的串行接口工作时序图

4．MAX187 的接口设计

使用单片机控制 MAX187，在不控制 $\overline{\text{SHDN}}$ 的情况下，主要通过 3 个 I/O 控制该芯片的 3 个引脚，即 $\overline{\text{CS}}$、SCLK 和 DOUT。通过单片机引脚模拟图 4.3.3 所示的时序，完成对 MAX187 的控制。单片机系统与 MAX187 的接口电路如图 4.3.4 所示。MAX87 内部自带 4.096V 的参考电压，因此输入电压范围为 0~4.096V。

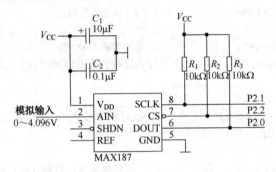

图 4.3.4　单片机系统与 MAX187 的接口电路

5．数模转换接口程序设计

编写 MAX187 的驱动程序，就是通过软件的方法控制单片机的 P2.0、P2.1 和 P2.2 引脚，产生图 4.3.3 所示的操作时序，完成一次模数转换。因为 MAX187 是 12 位模数转换芯片，结果也为 12 位，因此需要一个 16 位的变量来保存数据。使用 C 语言编写的采样函数代码如下（已通过测试）。

```c
/*******************************************************/
/*单片机系统测试程序                                    */
/*作者：Jmpxwh                                          */
/*源文件请到www.dianzisheji.com下载                     */
/*******************************************************/
#include<REG52.H>
#include<INTRINS.H>
/*******************端口声明*******************/
sbit MAX187_DATA=P2^0;
sbit MAX187_CS=P2^2;
sbit MAX187_SCLK=P2^1;
/*******************************************************/
```

```
函数功能:MAX187控制处理，并返回该模拟量的数字值
函数名称:unsigned int MAX187(void)
返回值:AD_DATA_REG=返回的数字量，16位
创建者: Devine 2010-7-23
************************************************************/
 unsigned int MAX187(void)
 { unsigned char CNT;                //CNT:计数
   unsigned int AD_DATA_REG=0;       //16位变量
    MAX187_CS=0;                     //低电平有效，开始转换
CNT=25;
   while(--CNT);            //延时9μs等待转换结束，@11.0592MHz
while(!MAX187_DATA);        //确认数据脚变为高电平，转换结束
MAX187_SCLK=1;
MAX187_SCLK=0;
   for(CNT=0;CNT<12;CNT++)      //模数转换后的12位数位，先出最高位MSB
{
  MAX187_SCLK=1;
  if(MAX187_DATA==1)           //MAX187送出为1
{
  AD_DATA_REG<<=1;             //先将数据左移1位
  AD_DATA_REG++;               //将接收的数据1添加到AD_DATA_REG的最低位
}
  else
     AD_DATA_REG<<=1;          //MAX187送出为0,则将AD DATA REG最后位加0
MAX187_SCLK=0;
}
  MAX187_CS=1;                 //一次转换结束，拉高片选，等待下一次转换
  return AD_DATA_REG;          //将采样数值返回
}
```

4.3.3 串行数模转换电路及其程序设计

本章采用的 STC12C5A60S2 内部有两路 PCA 模块，可设置为 8 位 PWM 模式，作为数模转换器用于简单的模拟输出控制。在需要高精度的输出场合，要使用专用的数模转换芯片。高精度的串行输入模数转换芯片既可节省单片机的连接端口，又可提高系统的输出精度，如具有三线接口的 12 位数模转换芯片 MAX531、TLV5618A 等。本节以 12 位的 TLV5618A 为例，简单介绍串行数模转换器的接口电路及其程序设计。

1. 芯片介绍

TLV5618A 是单电源、低功耗的串行 12 位双通道数模转换器，可在 2.7～5.6V 电源下工作，具有灵活的高速三线串行接口，可与 SPI 总线兼容，最大串行时钟速率为 20MHz。该芯片采用节约空间的 8 引出端 DIP 封装,具有极低的电源消耗,高速模式下电流为 1.8mA,慢速模式下电流低至 0.8mA,关断模式下电流仅为 1μA。TLV5618A 具有 DIP 和 SOP 两种封装形式，其引脚排列如图 4.3.5 所示，各引脚的具体功能见表 4.3.2。

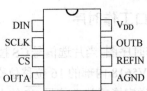

图 4.3.5 TLV5618A 引脚排列

表 4.3.2 TLV5618A 各引脚的具体功能

引 脚	符 号	功 能
1	DIN	串行数据输入端
2	SCLK	串行时钟输入端
3	$\overline{CS}$	器件选通端
4	OUTA	A 通道模拟电压输出端
5	GND	模拟地和数字地
6	REFIN	参考电压输入端，电压范围为 $1\sim(V_{DD}-1.1)V$
7	OUTB	B 通道模拟电压输出端
8	V_{DD}	正电源电压，$+2.7\sim+5.5V$

　　TLV5618A 是基于电阻串结构的 12 位双通道数模转换器，其内部功能框图如图 4.3.6 所示。它由一个串行接口、一个速度与电源控制单元、一个电阻串结构和一个轨到轨输出缓冲构成。电阻串输出电压由 2 倍增益的轨到轨输出缓冲器缓冲，AB 类输出级用以提高稳定性和减少建立时间。在 5V 电源供电时，其输出电压由式（4.3.1）确定，其中 V_{REF} 为参考电压，CODE 为写入的从 0x000 至 0xFFF 的 12 位数据，通电后，默认初始化为 0。

$$V_{OUT} = 2V_{REF}\frac{CODE}{0x1000}V \tag{4.3.1}$$

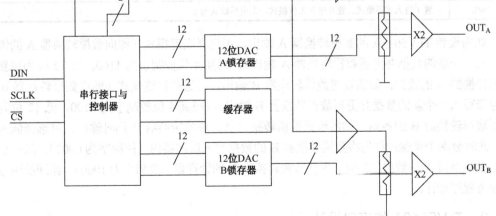

图 4.3.6 TLV5628V 内部功能框图

2．TLV5618A 的串行接口工作时序

图 4.3.7 为 TLV5618A 的工作时序图。当片选信号 $\overline{CS}$ 拉低后，输入数据在串行时钟 SCLK 的作用下，由最高位开始读入 TLV5618 内部的 16 位移位寄存器。数据在 SCLK 的下降沿被送入移位寄存器。在 16 位数据传送完毕或片选信号 $\overline{CS}$ 的上升沿，根据给定的控制字（D15～D12）将移位寄存器内的数据送至相应的锁存器（数模转换器 A、数模转换器 B、缓冲器、控制器），其中 16 位数据的前 4 位（D15～D12）为可编程控制位，后 12 位（D11～D0）为数据位，数据格式见表 4.3.3，控制位功能见表 4.3.4。

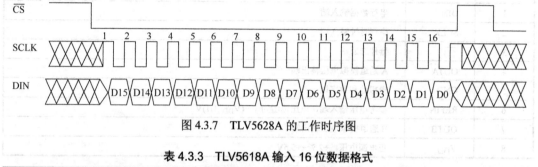

图 4.3.7　TLV5628A 的工作时序图

表 4.3.3　TLV5618A 输入 16 位数据格式

D15	D14	D13	D12	D11	D10	D9	D8	D7	D6	D5	D4	D3	D2	D1	D0
R1	SPD	PWR	R0			MSB			12 位数据			LSB			

表 4.3.4　D15～D12 控制位功能

R1	R0	功能
0	0	把数据写入数模转换器 B 的锁存器和缓冲器
0	1	把器数据写入缓冲器
1	0	把数据写入数模转换器 A 的锁存器，并用缓冲器内的数据更新数模转换器 B 的锁存器
1	1	预留功能
SPD		置 1 为高速模式，3μs；置 0 为低速模式，10μs；上电后默认为 0
PWR		置 1 进入关断模式，置 0 进入工作模式，上电后默认为 0

如需设置 TLV5618A 的数模转换器 A 输出，可选择高速模式（即向数模转换器 A 的锁存器写入一个新的数据并更新数模转换器 A 输出），则高 4 位控制字为 1100，低 12 位为更新到数模转换器 A 的数据；如需设置数模转换器 B 输出，可选择快速模式（即向数模转换器 B 的锁存器写入一个新的数据并更新数模转换器 B 输出），则高 4 位控制字为 0100，低 12 位为更新到数模转换器 B 的数据；如需设置数模转换器 A、数模转换器 B 同时输出，可选择低速模式，此时分两个步骤：首先将数模转换器 B 的数据写入缓冲器内（控制字为 0001），然后在传送数模转换器 A 的数据的同时，更新数模转换器 B 的锁存器（控制字为 1000）。详细使用方法请参考程序设计。

3．TLV5618A 的接口设计

使用单片机控制 TLV5618A 主要通过 3 个 I/O 接口完成，需要控制芯片的 3 个引脚，分别为 $\overline{CS}$、SCLK 和 DIN。通过图 4.3.7 所示的工作时序，完成对 TLV5618A 的控制；单片机系统与 TLV5618A 的接口电路如图 4.3.8 所示。TLV5618A 需要外部参考电压，一般可

使用专用基准电源集成块，如2.5 V的基准源MC1403等。

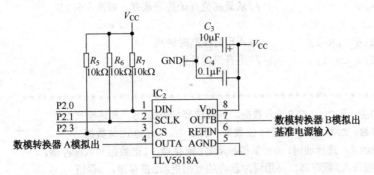

图4.3.8 单片机系统与TLV5618A的接口电路

4. 数模转换接口程序设计

编写TLV5618A的驱动程序，就是采用软件方法来控制单片机的P2.0、P2.1、P2.3引脚，产生如图4.3.7所示的操作时序，完成数模转换。使用C语言编写TLV5618A的驱动函数时，只需调用 TLV5618_Out(0,DAC_B,0)来设置 B 通道输出，或调用 TLV5618 out(DAC_A,0,2)来设置 A 通道输出。具体的 C 程序代码如下（已通过测试）。

```
/***********************************************/
/*单片机系统测试程序                            */
/*作者:Jmpxwh                                   */
/***********************************************/
#include<REG52.H>
#include<INTRINS.H>
sbit TLV5618_DATA=P2^0;
sbit TLV5618_CLK=P2^1;
sbit TLV5618_CS=P2~3;
/********************************************
函数功能:向TLV5618写数据（控制字、数据共16位）
入口参数:dat为要写入的16位数据
********************************************/
void TLV5618_WriteData(unsigned int dat)
unsigned char I;        //拉高片选端
TLV5618_CS=1;           //给片选信号下降沿
TLV5618 CS=0;           //片选建立延时
_nop_();
TLV5618_CLK=1;          //拉高时钟线
for(i=0;i<16;i++)
{
if(dat&0x8000)          //由最高位开始传输，判断是否为1；是，数据端口送出1
TLV5618 DATA=1;
else
TLV5618_DATA=0;         //否，数据端口送出0
TLV5618_CLK=0;          //在时钟下降沿发送数据
_nop_();                //数据保持延时
```

```
        TLV5618_CLK=1;
        dat<=1;                    //从最高位开始传送数据，每次左移1位
        }
        TLV5618_CLK=1;             //不用时拉高时钟线
        TLV5618_CS=1;              //上升沿关片选
        }
        / *******************************************************
函数功能：向TLV5618送入数据，同时选择A或B输出，高速模式
入口参数：DAC_A，A通道12位数据；DAC_B，B通道12位数据
DAC_MODE：选择通道，0更新缓冲器与B锁存器，1把数据写入缓冲器，
2把数据写入A锁存器，并用缓冲器内的数据更新B锁存器，3保留
********************************************************/
void TLV5618_Out(unsigned int DAC_A,unsigned int DAC_B,unsigned char DAC_MODE)
{
  switch(DAC_MODE)
{
case 0:TLV5618_WriteData(0x0000|DAC_B);
break;              //更新缓冲器与DAC_B，选择B通道输出
case 1:TLV5618_WriteData(0x1000|DAC_B);
break;              //将数据DAC_B写入缓冲器
case 2:TLV5618_WriteData(0x8000|DAC_A);
break;              //更新A锁存器，缓冲器更新B锁存器，选择AB通道同时输出
case 3: break;
default: break;
}
}
```

4.4 片外存储器扩展

4.4.1 片外静态 RAM 扩展电路及其程序设计

由于单片机 STC12C5A60S2 内的 RAM 仅有 1280B，当系统需要较大的数据缓冲时，就需要扩展片外数据存储器（RAM），最大可扩展 64KB。由于单片机是面向控制的，实际需要扩展的容量不大，因此一般采用静态 RAM 比较方便。本节在单片机系统的基础上，扩展了一片 61256（32KB×8 位），可充分满足系统设计的需要。扩展 RAM 的物理地址时，由单片机的 P2 口提供高 8 位 A15～A8，P0 分时提供低 8 位 A7～A0 和 8 位数据 D7～D0，因此需要通过一片 74HC573 来完成对低 8 位地址的锁存。片外 RAM 的读写需要单片机的 $\overline{RD}$（P3.7）和 $\overline{WR}$（P3.6）引脚控制，单片机外扩 61256 片外 RAM 的连接电路如图 4.4.1 所示。

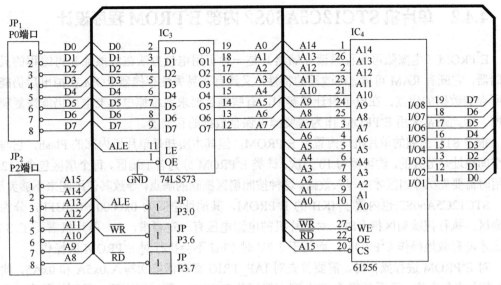

图 4.4.1 单片机外扩 61256 片外 RAM 的连接电路

电路中将 STC12C5A60S2 的 A15 地址接到 61256 的片选端 $\overline{CS}$，A14～A0 依次接到 61256 的 A14～A0 地址端，可以算出 61256 的全部 32KB 地址单元占用的物理地址为 0x0000～0x7FFF。此时，可以方便地使用 xdata 来定义变量或变量数组。使用 C 语言编写的测试程序代码如下。

```
/******************************************************/
/*单片机系统测试程序                                    */
/*作者:Jmpxwh                                         */
/*源文件请到www.dianzisheji.com下载                     */
/******************************************************/
#include<REC52.H>
#include<absacc.h>        //包含指定地址命令_at_的头文件
xdata unsigned char RAM[32768] at 0x0000;
//定义外部RAM地址、大小与起始地址
void main(void)
{
unsigned char ram_data,cnt;
unsigned int i;
cnt=0;
for(i=0;i<32768;i++)
{
RAM[i]=0x55;             //循环往外部RAM写入0x55数据
}
for(i=0;i<32768;i++)     //测试外部RAM是否正常
{
ram_data=RAM[i];         //循环读取外部全部RAM数据
if(ram_data!=0x55)       //测试读回数据是否正确
cnt ++;                  //不正确则cnt数字加1
while(1);
}
```

4.4.2 单片机 STC12C5A60S2 内部 E²PROM 程序设计

E²PROM（电擦除可编程只读存储器）是一种可用电气方法在线擦除和再编程的只读存储器，它既有 RAM 可读、可改写的特性，又具有非易失性存储器 ROM 在掉电后仍能保持所存储数据的优点。在电子设计竞赛中，有些题目要求系统掉电再上电后仍能恢复现场数据，因此通常采用 E²PROM 作为需要掉电保存数据的存储器。

很多 STC 系列的单片机均内置有 E²PROM，但其本质却是单片机内部的 Flash，它与程序空间地址是分开的，约可擦写 10 万次。该类 E²PROM 分为若干扇区，每个扇区包含 512B，使用时需要先擦除扇区才能写入数据。这种按照扇区擦除的缺点，导致其使用起来不够灵活。

STC12C5A60S2 也内置了 IKB 的 E²PROM，其地址空间为 0x0000～0x03FF，分为两个扇区。执行擦除扇区指令时，对单片机的电源电压有一定要求，5V 单片机需要在 3.7V 以上才能有效地操作 E²PROM，而低于 3.7V 时 CPU 不会执行对 E²PROM 的操作。

对 E²PROM 进行操作时，需要首先对 IAP_TRIG 寄存器依次写入 0x5A 和 0xA5，此时 ISP 指令才会生效。下面是修改 STC 官方编写的 E²PROM 测试程序后，得到的程序（已通过测试）。

```
#include<reg52.h>
#include<intrins.h>
#define uchar unsigned char
#define uint unsigned int
#define ulong unsigned long
sfr ISP DATA=0xC2;
sfr ISP ADDRH=0xC3;
sfr ISP ADDRL=0xC4;
sfr ISP CMD=0xC5;
sfr ISP TRIG=0xC6;
sfr ISP CONTR=0xC7;
#define  ISP_STANDBY()  ISP_CMD=0      //ISP空闲命令（禁止）
#define  ISP_READ()  ISP_CMD=1         //ISP读出命令
#define  ISP_WRITE()  ISP_CMD=2        //ISP写入命令
#define  ISP_ERASE()  ISP_CMD=3        //ISP擦除命令
#define  ISP_TRIG()  ISP_TRIG=0x5A,ISP_TRIG=0xA5
#define  ISP_EN  0x80
#define  ISP_SWBS  0x40
#define  ISP_SWRST  0x20
#define  ISP_CMD_FAIL  0x10
#define  ISP_WAIT_12MHZ  3
#define  ISP_ENABLE()  ISP_CONTR=(ISP_EN+ISP_WAI_12MHZ)
#define  ISP_DISABLE()  ISP_CONTR=0;ISP_CMD=0;ISP_TRIG=0
ISP_ADDRH=0xff;ISP_ADDRL=o0xff;
/*****************E²PROM操作外部函数和变量声明************/
extern void EEPROM_write_n(uint EE_address,uchar *DataAddress,uchar lenth);
extern  void  EEPROM_SectorErase(uint EE_address)  //扇区擦除函数
extern void EEPROM_read_n(uint EE_address,uchar  *DataAddress,uchar lenth);
void DisableEEPROM(void)  //以下语句可以不用，只是出于安全考虑而已
```

```
{
ISP_CONTR=0;                  //禁止ISP/IAP 操作
ISP_CMD=0;                    //去除ISP/IAP命令
ISP_TRIG=0;                   //防止ISP/IAP命令误触发
ISP_ADDRH=0xff;               //指向非E²PROM区，防止误操作
ISP_ADDRL=0xff;               //指向非E²PROM区，防止误操作
}
/ *********读N个字节函数，最多255个字节一次***************/
void EEPROM_read_n(uint EE_address,uchar *DataAddress,uchar lenth)
{
EA=0;           //禁止中断
ISP_ENABLE();   //宏调用，设置等待时间，允许ISP/IAP操作，送一次就够
ISP_READ();     //宏调用，送字节读命令，命令不需改变时，不需重新送命令
do
{
ISP_ADDRH=EE_address/256;     //送地址高字节（地址需要改变才重新送地址）
ISP_ADDRL=EE_address%256;     //送地址低字节
ISP_TRIG();                   //先送5AH再送A5H到ISP/IAP
_nop_();
*DataAddress=ISP_DATA;        //读出的数据送往
EE_address ++;
DataAddress ++;
}while(--length);
DisableEEPROM();
EA=1;
}                             //允许中断
/************************扇区擦除函数***********/
void EEPROM_SectorErase(uint EE_address)
{
  EA=0;    //禁止中断，只有扇区擦除，设有字节擦除，512字节/扇区
           //扇区中任意一个字节地址都是扇区地址
  ISP_ADDRH=EE_address/256;          //送扇区地址高字节（地址需要改
                                     //变时才需重新送地址）
  ISP_ADDRL=EE_address%256;          //送扇区地址低字节
  ISP_ENABLE();                      //设置等待时间，允许ISP/IAP操作，送一次就够
                                     //送扇区擦除命令，命令不改变不需要重新发送
ISP_TRIG();                          //先送5AH再送A5H到ISP/IAP，每次都要
DisableEEPROM();
EA=1;
}                             //重新允许中断
/*******************写N个字节函数，最多255个字节一次***************/
void EEPROM_write_n(uint EE_address,uchar *DataAddress,uchar lent)
{
EA=0;               //禁止中断
ISP_ENABLE();       //设置等待时间，允许ISP/IAP操作，送一次就够
ISP_WRITE();        //送字节写命令，命令不需改变，不需重新送命令
do
```

```
    {
ISP_ADDRH=EE_address/256;
//送地址高字节（地址需要改变时才需  重新送地址）

ISP_ADDRL=EE_address%256;        //送地址低字节
ISP_DATA=*DataAddress;
//送数据到ISP_DATA,只有数据改变时才需重新送
ISP_TRIG(); //先送5AH再送ASH到ISP/IAP,每次都要
_nop_();
EE_address ++;                  //下一个地址
DataAddress ++;                 //下一个数据
    }
while(--lenth);                 //直到结束
DisableEEPROM();
    EA=1;                       //允许中断
    }
```

将上面的 E²PROM 读写函数程序保存为 STC_EEPROM.C，将 4.2.3 节的 CH452 程序保存为 CH452.C。下面给出引用这两个 C 文件编写的单片机自带 E²PROM 的测试程序，在数码管的高 4 位显示被写入数据的 E²PROM 地址，低 4 位的前 2 位表示损坏电路的个数，后 2 位表示写入的测试数据，代码如下（已通过测试）。

```
/***************************/
/*单片机系统测试程序            */
/*作者：Jmpxwh               */
/***************************/
#include<reg52.h>
#include<intrins.h>
#include<STC_EEPROM.C>
#include<CH452.C>
void Delay(void)
{
  unsigned int i=10000;
while(i--);
/************ CH452外部函数和变量声明 ****************/
extern void CH452_Write(unsigned short cmd);    //向CH452 发出操作命令、显示等
 extern unsigned char volatile key;            //定义一个按键值变量
/*****************E²PROM操作外部函数和变量声明*********/
//写N个字节函数，最多255字节一次
extern void EEPROM_write_n(uint EE_address,uchar *DataAddress,uchar lenth);
 extern void EEPROM_SectorErase(uint EE_address);    //扇区擦除函数
//读N个字节函数，最多255字节一次
extern void EEPROM_read_n(uint EE_address,uchar *DataAddress,uchar lenth);
unsigned char TestData;          //写入E²PROM的数据
unsigned int  EEP_Address;       //E²PROM的地址
unsigned char  TestCNT;          //损坏E²PROM的数量
/*****************************************************
函数说明：主程序2012.10.5jmpxwh
*****************************************************/
```

```c
void main(void)
EX1=1;EA=1;    //开启外部中断1的中断允许，开启全局中断允许
CH452_Write(CH452_RESET);        //CH452复位命令
CH452_Write(CH452_SYSON2);       //开显示键盘
CH452_Write(CH452_BCD|0x05);     //BCD直接译码，0x05显示占空比5/16
CH452_Write(CH452_DIGO|0);
CH452_Write(CH452_DIG1|0);
CH452_Write(CH452_DIG2|0);
CH452_Write(CH452_DIC3|0);
CH452_Write(CH452_DIG4|0);
CH452_Write(CH452_DIG5|0);
CH452_Write(CH452_DIC6|0);
CH452_Write(CH452_DIG7|0);
TestData=0x5a;         //初始化写入数据
TestCNT=0;             //损坏E²PROM的数量
while(1)               //等待CH452产生按键中断
{if(ey==0x0a)          //a键写入数据，应先执行擦除操作
  { EEPROM_SectorErase(0);    //擦除第一扇区的E²PROM单元
    EEPROM_SectorErase(512);  //擦除第二扇区的E²PROM单元
   for(EEP_Address=0;EEP_Address<1024;EEP_Address++)
   //写入1024个数据
EEPROM_write_n(EEP_Address,&TestData,1);
CH452_Write(CH452_DIGO| EEP_Address%10);
CH452_Write(CH452_DIG1| EEP_Address% 100/10);
CH452_Write(CH452_DIG2| EEP_Address% 1000/100);
CH452_Write(CH452_DIG3| EEP_Address% 10000/1000);
Delay();
}
EEP_Address=0;                  //恢复变量初始值
TestCNT=0;
key=0xff;
}
 if(key==0x0b)          //b键擦除E²PROM
 { EEPROM_SectorErase(0);     //擦除第一扇区的E²PROM单元
   EEPROM_SectorErase(512);   //擦除第二扇区的E²PRON单元
   EEP_Address=0;             //恢复变量初始值
TestCNT=0;
key=0xff;
}
if(key==0x0c)   /c键读取数据
{for(EEP_Address=0;EEP_Address<1024;EEP_Address++)   //读回数据对比
 {EEPROM_read_n(EEP_Address<1024,&TestData,1)  //读取数据保存到TestData
if(TestData!=0x5a)//数据不对TestCNT+1
{ TestCNT++;}
CH452_Write(CH452_DIGO|TesData&0x0f);     //显示低4位A
CH452_Write(CH452_DIG1|TestData>>4);      //显示高4位5
CH452_Write(CH452_DIG2|TestCNT%10);       //显示E²PROM损坏数量
```

```
CH452_Write(CH452_DIG3|TestCNT%100%10); //显示E²PROM损坏数量
CH452_Write(CH452_DIG4|EEP_Address%10); //显示E²PROM地址
CH452_Write(CH452_DIG5|EEP_Address%100/10);
CH452_Write(CH452_DIG6|EEP_Address%1000/100);
CH452_Write(CH452_DIG7|EEP_Address%1000/1000);
delay();
}
EEP_Address=0;    //恢复变量初始值
key=0xff;
}
}
}
```

4.4.3 片外串行 E²PROM 扩展电路及程序设计

STC12C5A60S2 单片机虽然内置了 1KB 的 E²PROM，但按扇区 512B 擦除的缺点使得其使用起来不够灵活，因此需要外扩一种可按字节擦除写入的存储器。

本节介绍的系统中扩展了一片容量为 2KB 的 E²PROM，即 Atmel 公司的 AT24C16C。该芯片采用 I²C 总线结构与单片机通信。下面详细介绍 I²C 总线协议及 AT24C16C 的读/写程序设计。

1. I²C 总线简介

I²C 总线是由 Philips 公司开发的一种两线式串行总线，用于连接微控制器及其外围设备。I²C 总线产生于 20 世纪 80 年代，最初为音频和视频设备开发，如今的应用非常广泛，在很多器件上都配有 I²C 总线接口。I²C 总线是一种具有自动寻址、高低速设备同步和仲裁等功能的高性能串行总线，能够实现完善的全双工数据传输，是除单总线外使用信号数量最少的总线，它共有两根传输线，分别为数据线 SDA 和时钟线 SCL。

2. I²C 总线的工作原理

1) I²C 总线的构成及信号类型

I²C 总线是由数据线 SDA 和时钟线 SCL 构成的串行总线，可发送和接收数据。串行 8 位数据双向传输位速率在标准模式下为 100Kb/s，在快速模式下为 400Kb/s，在高速模式下可达 4Mb/s。

执行数据传送时，启动数据发送产生时钟信号的器件称为主器件，被寻址的任何器件都可视为从器件。发送数据到总线上的器件称为发送器，从总线上接收数据的器件称为接收器。I²C 总线是多主机总线，它可连接两个或多个能够控制总线的器件。同时，I²C 总线还具有仲裁功能，当一个以上的主器件同时试图控制总线时，只允许一个有效，从而可保证数据不被破坏。I²C 总线的寻址采用纯软件的寻址方法，无须连接片选线，因此能减少总线的数量。主机发送启动信号后，立即发送寻址字节来寻址被控器件，并规定数据传送方向。寻址字节由 7 位从机地址位（D7～D1）和 1 位方向位（D0）组成。D0 置 0 时为读操作，置 1 时为写操作。主机发送寻址字节时，总线上的所有器件认为被主机寻址，并根据读/写位确定是从发送器还是从接收器。在多数情况下，系统中只有一个主器件，即单主节点，总线上的其他器件都是具有 I^2C 总线的外围从器件，这时的 I^2C 总线就工作在主从工作方式下。

在 I^2C 总线传输数据的过程中，共有三种类型的信号，即起始信号（START）、停止信号（STOP）和应答信号（ACK）。SDA 线上传送的数据总是起始信号开始，以停止信号结束；SCL 线在不传送数据时，保持高电平（SCL = 1）。总线空闲时，需将 SDA、SCL 置高电平以释放总线。I^2C 总线的数据传输格式如图 4.4.2 所示。

起始信号（START）：SCL 为高电平时，SDA 由高电平向低电平跳变，表明数据传送开始。

停止信号（STOP）：SCL 为高电平时，SDA 由低电平向高电平跳变，表明数据传送结束。

应答信号（ACK）：主控器作为发送器时，每发完一个数据，都要求接收方发回一个应答信号，表示已接收到数据。若未收到应答信号，则表明从器件未准备好或出现故障。

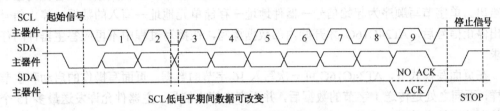

图 4.4.2 I^2C 总线的数据传输格式

2）I^2C 总线的基本操作

发送数据到总线上的器件称为发送器，接收数据的器件称为接收器。主器件和从器件都可工作在发送与接收状态。总线必须由主器件控制并产生串行时钟 SCL 信号，控制总线的传送方向，并产生起始信号（START）与停止信号（STOP）。进行数据传输时，数据线 SDA 上的数据状态只能在时钟线 SCL 为低电平期间改变，在时钟线 SCL 为高电平期间保持。因为在时钟线 SCL 为高电平期间，数据线 SDA 的状态改变被定义为起始和停止信号。

在起始信号与停止信号中间传送地址及数据信号，I^2C 总线上传输的数据和地址字节均为 8 位，且高位在前，低位在后，传送的数据字节没有限制，但每个字节后都必须跟随一个应答位。应答信号在第 9 个时钟位上出现，但与应答信号相对应的时钟仍由主控器在 SCL 线上产生，因此在第 9 个时钟信号上升沿到来前，主控器应预先释放对 SDA 线的控制，以便对 SDA 线上的应答信号（ACK）进行检测。接收器在 SDA 线上输出低电平作为应答信号，表示可以继续进行数据传输，输出高电平作为非应答信号（NO ACK），表示不能再继续传输数据，主控器据此产生一个停止信号来终止 SDA 线上的数据传输。当主控器作为接收器使用时，接收被控器送来的最后一个数据后，必须给被控器发送一个非应答信号（NO ACK），让被控器释放 SDA 线，以便主控器可以发送停止信号来结束数据的传输。I^2C 总线上的应答信号比较重要，在编制程序时应着重考虑。时钟信号及应答信号间的关系如图 4.4.2 所示。

（1）控制字

在起始信号之后，必须是器件的控制字节（8 位）。控制字节的高 4 位为器件类型识别符号（不同的芯片类型有不同的定义，E^2PROM 一般应为 1010），接着 3 位是从器件地址 A2A1A0（对于 AT24C16C 来说，为高 3 位页地址 P2P1P0），最低位为 R/W 方向控制位，置 1 为读操作，置 0 为写操作。方向位后是从器件发出的应答位 ACK。I^2C 总线的控制字格式见表 4.4.1。

表 4.4.1　I^2C 总线的控制字格式

器件寻址								字节寻址							
D7	D6	D5	D4	D3	D2	D1	D0	D7	D6	D5	D4	D3	D2	D1	D0
1	0	1	0	A2	A1	A0	$R/\overline{W}$	A7	A6	A5	A4	A3	A2	A1	A0
器件类型				页地址			读/写	数据地址							

（2）写操作

写操作分为字节写和页面写两种模式。对于页面写模式，不同的芯片有所不同。

在字节写模式下，整个过程均由主器件发送数据，从器件接收数据，应答位均由从器件给出。单字节写顺序为起始信号→器件地址→存储单元地址→写入的数据→停止信号。给出停止信号后，AT24C16C 才开始内部数据擦写，在擦写过程中不再应答主器件的任何请求。

在页面写模式下，AT24C16C 可一次写入 16 字节的数据。页面写操作的启动和字节写一样，不同之处是传送 1 字节的数据后，并不产生停止信号。主器件允许发送最多 15 个额外的字节（加上前面 1 字节，共 16 字节），且每发送 1 字节数据后，AT24C16C 便会产生一个应答信号，并将字节地址低位自动加 1，高位保持不变。若在发送停止信号之前，主器件发送了 16 字节以上的数据，那么地址计数器将自动翻转，先前写入的数据将被覆盖。I^2C 总线传输数据时，必须遵循规定的数据传输格式。页面写模式传输的数据格式如图 4.4.3 所示，其中上方为主器件信号，下方为从器件信号。

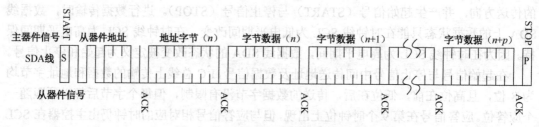

图 4.4.3　页面写模式传输的数据格式

（3）读操作

对于 AT24C16C，读操作的初始化方式和写操作的一样，只是要把 $R/\overline{W}$ 位置 1。读操作有三种不同的方式，即立即地址读、选择读和连续读。

立即地址读是指读操作在读或写操作后立即进行，此时地址计数器的内容为最后操作字节的地址加 1。例如，上次读/写的操作地址为 n，则立即地址读的地址为 $n+1$。若 $n = 2047$，则计数器将翻转到 0 并继续输出数据。AT24C16C 接收到从器件的地址信号（控制字）后，首先发送一个应答信号，然后发送一个 8 位数据字节，主器件不需要发送应答信号，但要产生一个停止信号。立即地址读的操作时序如图 4.4.4 所示，其中上方为主器件信号，下方为从器件信号。

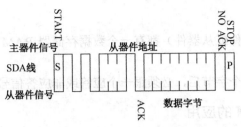

图 4.4.4 立即地址读的操作时序

选择读操作时，主器件可对从器件的任意字节进行读操作。主器件首先发送起始信号、从器件地址和想要读取数据的地址，执行一个伪写操作。接收到 AT24C16C 的应答后，主器件重新发送起始信号和从器件地址，此时 R/$\overline{W}$ 置 1，AT24C16C 响应并发送应答信号，然后输出所要求的一个 8 位数据字节，主器件不需要发送应答信号，但要产生一个停止信号。选择读的操作时序如 4.4.5 所示，其中上方为主器件信号，下方为从器件信号。

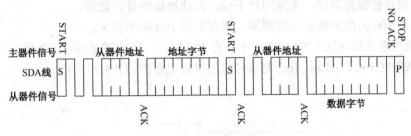

图 4.4.5 选择读的操作时序

连续读操作可通过立即读操作或选择性读操作启动。AT24C16C 发送一个 8 位数据字节后，主器件产生一个应答信号来响应，告知 AT24C16C 主器件要求更多的数据。对应主机产生的每个应答信号，AT24C16C 都发送一个 8 位数据字节，当主器件不发送应答信号而发送停止位时，结束此操作。从 AT24C16C 输出的数据按顺序由 m 到 $m+1$ 输出。读操作时，地址计数器在 AT24C16C 的整个地址内增加，整个寄存器区域可在一个读操作内全部读出。读取的字节数超过 2047 时，计数器将翻转到 0 地址，并继续输出数据字节。连续读的操作时序如图 4.4.6 所示，其中上方为主器件信号，下方为从器件信号。

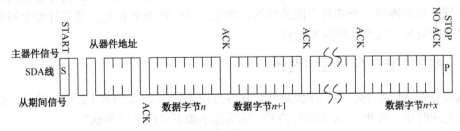

图 4.4.6 连续读的操作时序

通过上述分析，可以得出如下结论：

① 无论总线处于何种方式，起始信号、终止信号和寻址字节均由主控器发送，由被控器接收。

② 寻址字节中，7 位地址是器件地址，即被寻址的被控器的固有地址，R/$\overline{W}$ 方向位用于指定 SDA 线上的数据传送方向，R/$\overline{W}$ 清 0 为主器件写和从器件收，R/$\overline{W}$ 置 1 为主器件

读和从器件发。

③ 每个器件（主器件或从器件）都有一个数据存储器 RAM，其地址是连续的，并能自动增加。

④ 总线上传输的每个字节后，必须跟一个应答或非应答信号。

3．串行 E²PROM 的应用

单片机系统上扩展了一片 E²PROM，即 Atmel 公司生产的 AT24C16C，其存储容量为 16KB，接口形式为 I²C。芯片性能如下：

① I²C 总线接口支持 400Mb/s 的传输速率。

② 单电源供电，工作电压范围为 2.5～5.5 V。

③ 写保护控制输入，具有随机或顺序读出两种模式。

④ 按字节或页进行读/写操作，单页最大可达 16B。

⑤ 内部自建编程时序，无须用户干预，自动地址增量计数器。

⑥ 超过 100 万次的擦除与写周期，保存数据 100 年不丢失。

因为所用单片机 STC12C5A60S2 不具有 I²C 接口，因此需要通过 I/O 接口模拟总线时序来驱动 AT24C16C。AT24C16C 与单片机的接口电路如图 4.4.7 所示。

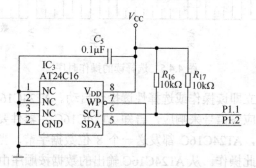

图 4.4.7　AT24C16C 与单片机的接口电路

在电路中将单片机的 P1.1 口和 P1.2 口接到 AT24C16C 的 SCL 线与 SDA 线上，通过编写软件在 P1.1 口与 P1.2 口上模拟 I²C 时序。AT24C16C 内部具有 16KB 的存储空间，同一总线上同时只能连接一个芯片，因此将 NC 接地，同时将 WP 接地，使芯片处于写使能状态，以便随时可向其写入或读取数据。

4．AT24C16C 接口程序设计

编写驱动 AT24C16C 的程序就是通过软件方法来控制 P1.1 口和 P1.2 口，产生 I²C 总线协议规定的时序。使用 C 语言编写的 I²C 驱动程序如下（已通过测试）。

```
/*************************************************************/
/* 单片机系统测试程序                                       */
/* 作者:Jmpxwh                                              */
/* 源文件请到www.dianzisheji.com下载                        */
/*************************************************************/
#include<reg52.h>
sbit IIC_SCL=P1^1;
```

```
    sbit IIC_SDA=P1^2;              //IIC接口定义
    #define DEVICE_ADD 0xa0         //定义器件地址（E²PROM固定为0xa0）
    #define READ_BIT 0x01           //定义读状态D0=1
    #define WRITE_BIT 0x00          //定义写状态为D0=0
    /***************IIC函数声明**************/
    void WriteAddByte_IIC(unsigned int add,unsigned char dat);
                                    //向地址写入数据
    unsigned char ReadAddByte_IIC(unsigned int add); //从地址读出数据
    /*****************************************************************
    函数名称: Delay_10μs()
    功能描述: 延时10μs,外部晶振为11.0592～12MHz时
    入口参数: x为延时10μs时间的倍数
    *****************************************************************/
    void Delay_10μs(unsigned int x)
    {while(26*x--);}
    /*****************************************************************
     函数名称:IIC_Init()
     功能描述:I²C总线初始化
      *****************************************************************/
    void IIC_Init()
    {
       IIC_SDA=1; IC_SCL=1;
       }
    /*****************************************************************
    函数名称:IIC_Start()
    功能描述:IIC启动信号——SCL为高电平时，SDA由高电平向低电平跳变，开始传送数据
    *****************************************************************/
      void IIC_Start()
    {
      IIC_SDA=1;   Delay_10μs(1);
      IIC_SCL=1;   Delay_10μs(1);
      IIC_SDA=0;   Delay_10μs(1);
    }
    /*****************************************************************
    函数名称:IIC_Stop()
    功能描述:I²C停止信号——SCL为高电平时，SDA由低电平向高电平跳变，结束传送数据
    *****************************************************************/
    void IIC_Stop()
    IIC_SDA=0;Delay_10μs(1);
    IIC_SCL=1;Delay_10μs(1);
    IIC_SDA=1;Delay_10μs(1);
    /*****************************************************************
    函数名称: IIC_Ack()
    功能描述: 主设备发出应答信号
    作者: JiangPeng
    日期: 2011年9月28号
    *****************************************************************/
```

```
void IIC_Ack()
{
unsigned char i=0;
IIC_SCL=1; Delay_10μs(1);
while((1==IIC_SDA)&&(i<220))//至多等待220次（约为80μs），检测是否给出ACK
    i++;
IIC_SCL=0;Delay_10μs(1);
}
/*******************************************************************
函数名称：IIC_NAck()
功能描述：主设备发出无应答信号
*******************************************************************/
void IIC_NAck()
{
IIC_SDA=1;  Delay_10μs(1);
IIC_SCL=1;  Delay_10μs(1);
IIC_SCL=0;  Delay_10μs(1);
}
/*******************************************************************
函数名称：WriteByte_IIC()
功能描述：主设备向从设备写入1字节的数据
入口参数：dat为将要写入的数据
*******************************************************************/
Void WriteByte_IIC(unsigned char dat)
{
  unsigned char i;
  IIC_SCL=0;
  for(i=0;i<8;i++)
{
IIC_SDA=(dat<<i) & 0x80;
IIC_SCL=1;  Delay_10μs(1);
IIC_SCL=0;  Delay_10μs(1);
}
IIC_SDA=1;  Delay_10μs(1);
}
/*******************************************************************
函数名称：ReadByte_IIC()
功能描述：主设备向从设备读1字节的数据
出口参数：dat为读出的数据
*******************************************************************/
unsigned char ReadByte_IIC()
{
  unsigned char i,dat=0;
  IIC_SCL=0;  Delay_10μs(1);
  IIC_SDA=1;  Delay_10μs(1);
  for(i=0;i<8;i++)
{
```

```
  IIC_SCL=1;  Delay_10µs(1);
  If(IIC_SDA)
{
  dat|=(0x80>>i);
  IIC_SCL=0;  Delay_10µs(1);
}
  IIC_SDA=1; Delay_10µs(1);
  return dat;
}
/*************************************************************/
```
函数名称：WriteAddByte_IIC()
功能描述：主设备向从设备中的某地址写1字节
入口参数：add为从设备的某个存储地址，dat为写入的数据
```
/*************************************************************/
  void WriteAddByte_IIC(unsigned int add,unsigned char dat)
{
  unsigned char page;
  page=(add>>8);                        //计算高3位页地址，放入P2、P1、P0
  page=DEVICE_ADD|(page<<1);            //从器件地址与高3位页地址
  IIC_Init();                           //初始化I²C总线
  IIC_Start();                          //发送启动信号
  WriteByte_IIC page|WRITE_BIT);        //发送从器件地址、高3位页地址与写标志0
  IIC_Ack();                            //读应答信号
  WriteByte_IIC(add&0xff);              //将要写数据的地址低8位
  IIC_Ack();                            //读应答信号
  WriteByte_IIC (dat);                  //要写入的数据
  IIC_Ack();                            //读应答信号
  IIC_Stop();                           //发送停止信号
  Delay_10µs(1000);                     //延时等待写入完成
{
/**************************************************************
```
函数名称：ReadAddByte_IIC()
功能描述：主设备向从设备中的某地址读1字节（选择读可读任一地址数据）
入口参数：add为I²C器件中的某地址
出口参数：dat为读回的数据字节
```
*************************************************************/
unsigned char ReadAddByte_IIC(unsigned int add)
{
  unsigned char dat,page;
  page=(add>>8);                        //计算高3位页地址，放入P2、P1、P0
  page=DEVICE_ADD|(page<<1);            //从器件地址与高3位页地址
  IIC_Init();                           //初始化I²C总线
  IIC_Start();                          //发送启动信号
  WriteByte_IIC(page 1 WRITE_BIT);      //发送从器件地址、高3位页地址与写标志0
  IIC_Ack();                            //读应答信号
  WriteByte_IIC(add&0xff);              //将要读数的地址字节低8位
  IIC_Ack();                            //读应答信号
```

```
IIC_Start();                          //发送启动信号，选择读方式读数据
WriteByte_IIC(page|READ_BIT);         //发送从器件地址与读标志1
IIC_Ack();                            //读应答信号
dat=ReadByte-IIC();                   //将读到的数据送给变量dat
IIC_NAck();                           //发送非应答信号
IIC_Stop();                           //发送停止信号
return dat;
```

配合 CH452.C 编写了一个损坏电路的测试程序，数码管的高4位显示 E^{2}PROM 地址，后4位显示按下键盘的 A 键，写入 0x00 并读回对比，测试损坏电路数，程序如下（已通过测试）。

```
/**********************************************************/
/* 单片机系统测试程序                                      */
/* 作者：Jmpxwh                                           */
/* 源文件请到www.dianzisheji.com下载                       */
/**********************************************************/
#include<reg52.h>
#include<intrins.h>
#include<IIC.C>
#include<CH452.C>
void Delay(void)
{
  unsigned int i=2000;
  while(i--);
}
/*****************CH452外部函数和变量声*****************/
extern void CH452_Write(unsigned short cmd);//向CH452发出操作令、显示等
extern unsigned char volatile key;          //定义一个按键值变量
/*********************IIC函数声明***********************/
extern void WriteAddByte_IIC(unsigned int add,unsigned char dat);
                                            //写入数据
extern unsigned char ReadAddByte_IIC(unsigned int add);
                                            //读出数据
unsigned char TestData[2]={0x00,0xff};      //写入E$^2$PROM的数据
unsigned int EEP_Add;                       //E$^2$PROM的地址
unsigned int TestCNT=0;                     //损坏E$^2$PROM的数量
/**********************主程序*************************/
void main(void)
{
  EX1=1;EA=1;                          //开启外部中断1，开启全局中断，CH452用
  CH452_Write(CH452_RESET);            //CH452复位命令
  CH452_Write(CH452_SYSON2);           //开显示键盘
  CH452_Write(CH452_BCD|0x08);         //BCD 直接译码，0x05显示占空比8/16，为0则
                                       //显示占空比16/16
  CH452_Write(CH452_DIG0|0);           //显示8个0
  CH452_Write(CH452_DIG1|0);
  CH452_Write(CH452_DIG2|0);
  CH452_Write(CH452_DIG3|0);
  CH452_Write(CH452_DIG4|0);
```

```
  CH452_Write(CH452_DIG5|0);
  CH452_Write(CH452_DIG6|0);
  CH452_Write(CH452_DIG7|0);
While(1)                              //等待CH452产生按键中断
{
  (key==0x0c|key==0x0d)               //c、d键写入数据对比
{
  for(EEP_Add=0;EEP_Add<2048;EEP_Add++)   //写入1024个数据
  {
if(key==0x0c)                         //c键写入0x00
{
WriteAddByte_IIC(EEP_Add,TestData[0]);        //全部写入0x00
if(TestData[0]!=ReadAddByte_IIC(EEP_Add))     //读取对比正确
TestCNT ++;                                    //1不正确则加1
CH452_Write(CH452_DIG0|TestData[1]&0x0f);     //测试数据低4位
CH452_Write(CH452_DIG1|TestData[1]>>4);       //测试数据高4位
CH452_Write(CH452_DIG2|TestCNT%10);           //E²PROM损坏数量
CH452_Write(CH452_D1G3|TestCNT%100/10);       //E²PROM损坏数量
if(key==0x0d) //d键写入0xff
{
    WriteAddByte_IIC(EEP_Add, TestData[1]);   //全部写入0xff
    if(TestData[1]!=ReadAddByte_IIC(EEP_Add)) //读取数据对比
    TestCNT ++;                               //1不正确则加1
CH452_Write(CH452_DIG0|TestData[1]&0x0f);     //测试数据低4位
CH452_Write(CH452_DIG1|TestData[1]>>4);       //测试数据高4位
CH452_Write(CH452_DIG2|TestCNT%10);           //E²PROM损坏数量
CH452_Write(CH452_D1G3|TestCNT%100/10);       //E²PROM损坏数量
}
CH452_Write(CH452_DIG4|EEP_Add%10);           //E²PROM地址4位
CH452_Write(CH452_DIG5|EEP_Add%100/10);
CH452_Write(CH452_DIG6|EEP_Add%1000/100);
CH452_Write(CH452_DIG7|EEP_Add%10000/1000);
Delay();
}
EEP_Add=0;TestCNT=0;key=0xff;                 //恢复变量初始值
}
}
}
```

4.5 单片机系统与FPGA接口电路及其程序设计

在电子设计竞赛中，经常需要同时使用单片机系统和 FPGA 系统。因此，需要设计两者之间的接口电路，并编写相应的程序来实现数据传输。

1. 接口电路设计

在设计单片机系统和 FPGA 系统之间的接口电路时，首先要注意二者之间的接口电平

是否兼容。通常，FPGA 芯片的工作电压为 3.3V，而单片机的工作电压为 5V，因此在连接电路时需要保证电平信号一致。不能为了获得 5V 的引脚电压而将 FPGA 接入 5V 电压，这样做会烧毁 FPGA。为匹配电平，可以选择电平转换芯片（如 74LVC4245），也可选择 3.3V 的单片机芯片 STC12LE5A60S2，该芯片为 STC12C5A60S2 的低压款，性能完全一样，因此可省去电平匹配接口电路。如果未购买低压款的这种芯片，那么在与 3.3V 低压器件连接时，也可使用 STC12C5A60S2 内部的 I/O 模式，即将其配置为开漏工作模式，断开内部上拉电阻，并在相应的 I/O 接口外部增加阻值在 10kΩ 以上的上拉电阻，接 3.3V 电平。这时，I/O 接口的高电平是 3.3V，低电平是 0V，可以保证单片机及低压器件的正常输入与输出，同时省掉电平匹配芯片。为了高效率地在单片机与 FPGA 之间传输数据，最好采用总线方式设计接口电路。单片机系统与 FPGA 的接口框图如图 4.5.1 所示。

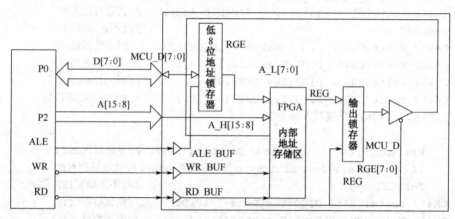

图 4.5.1　单片机系统与 FPGA 的接口框图

通过总线方式连接单片机系统与 FPGA 系统，通过单片机读/写外部存储器（即把 FPGA 当作 XDATA 区）的方式便可实现数据传递。此外，要保证定义的物理地址不与前面的地址冲突，例如可定义到 0x8000～0xFFF 区段。因为需要将单片机的 ALE、$\overline{WR}$ 和 $\overline{RD}$ 作为 FPGA 内部进程的敏感信号，因此要在 FPGA 内部接入 IBUF（输入缓冲器），否则编译便无法通过。

2．程序设计

下面介绍使用 C 语言编写的单片机程序，及使用 Verilog 语言编写的 FPGA 程序。在 FPGA 内部定义了 16 字节的存储区，存储类型为寄存器类型，可向其中写入数据，也可从中读出数据。需要更大的存储区时，用户可自行定义，或使用 FPGA 内部的 RAM（IP 核）作为存储单元。单片机使用 P0 和 P2 总线接口，因此只需设置 P0 口、P2 口为开漏模式。单片机 C 语言程序如下。

```
#include<REG52.H>
#include<absacc.h>      //包含指定地址命令的头文件
sfr P0M0=0x94;          //预定义P0口模式寄存器
sfr P0M1=0x93;
sfr P2M0=0x96;          //预定义P2口模式寄存器
sfr P2M1=0x95;
xdata unsigned char FPGA_data[16]_at_0xD800;
```

```
//声明FPGA内部RAM数据区的起始地址，与FPGA程序内的保持一致
void main(void)
P0 M0=0 xff; P0M1=0xff;          //设置P0口开漏模式
P2M0=0xff; P2M1=0xff;            //设置P2口开漏模式
unsigned char i,data_temp[16];
for(i=0;i<16;i++)               //向FPGA内部16个单元写入数据0xAA
FPGA_data[i]=0xAA;
for(i=0;i<16;i++)               //将FPGA内部16个单元的数据读回数组data_temp
FPGA_data[i]=0xAA;
}
```

使用 Verilog 语言设计的 FPGA 程序如下。

```
/*****************************************************/
/*Verilog程序                                        */
/*作者：关永锋                                        */
/*National University of Defence Technology          */
/*****************************************************/
Module C51_Control(MCU_D,MCU_A,MCU_WR,MCU_RD,MCU_ALE)
input [7:0] MCU_D;                  //8位数据
input [15:8] MCU_A;                 //高8位地址
input MCU_WR,MCU_RD,MCU_ALE;        //控制信号
reg[7:0] C51_RAM[15:0];             //例化16个寄存器存储单元，大小可自定义


/*C51 Control Model */
/*C51 Bus Interface */


wire[15:8] MCU_A_H;         //高8位地址
assign MCU_A_H=MCU_A;
reg[7:0] MCU_A_L;           //低8位地址
wire[3:0] Addr_Index;       //存储器单元指示
/*Latching the Low 8 bits of Address Bus */
wire MCU_ALE_BUF;
IBUF MCU_ALE_inst(MCU_ALE_BUF,MCU_ALE);  //输入BUF址
always@(negedge MCU_ALE_BUF)        //锁存低8位地
    MCU_A_L[7:0]<=MCU_D;
assign Addr_Index=MCU_A_L[3:0];     //使用低4位地址区分存储单元

/*Writing Model*/
wire MCU_WR_BUF;
IBUF MCU_WR_inst(MCU_WR_BUF,MCU_WR);  //输出BUF
always@(posedge MCU_WR_BUF)
    if(MCU_A_H==8'hD8)              //存储器地址定义在0XD800～0XD8FF
        CS1_RAM[Addr_Index]<=MCU_D;
/*Reading Model*/
reg[7:0] MCU_D_REG;
wire MCU_RD_BUF;
IBUF MCU_RD_inst(MCU_RD_BUF, MCU_RD);    //输入BUF
always@ (negedge MCU_RD_BUF)
```

```
        if(MCU_A_H==8'hD8)      //存储器地址定义在0xD800~0xD8FF
            MCU_D_REG <=C51_RAM[Addr_Index];
    else
    MCU_D_REG <=8'hzz;
    assign MCU_D=MCU_RD_BUF? 8'hzz:MCU_D_REG;      //三态门输出
    end module
```

4.6 单片机系统故障分析与处理

1. 硬件结构与检测程序

单片机系统在实际应用中经常会出现故障，为了排除故障，必须深入了解单片机系统的硬件结构，并编写相应的检测程序来诊断故障。本节给出常见故障现象与相应故障分析，其中多数函数和变量均采用前面介绍的函数和变量，只是将其包装为多个 C 语言文件。

测试程序较长，请读者自行编写每节内的独立程序，然后烧入测试单片机的各个单元电路，或到 www.dianzisheji.com 网站下载所有测试程序，并自行写入单片机后进行测试。

2. 故障现象与分析

1）STC12C5A60S2 程序下载故障

STC12C5A60S2 单片机具有在系统可编程（ISP）特性，采用串口方式下载程序时无须复杂的硬件，只需将计算机串口进行信号电平转换后与单片机串口相连，配合上位机软件即可实现程序下载。今天的台式计算机、笔记本计算机多数已无串口，可以使用 USB 转串口芯片或其他单片机来模拟产生串口。经多个版本的 STC 下载软件测试，使用 CH340T/CH341T 制作的下载线能很好地在 Windows 7、Windows XP 下支持 STC 系列单片机的程序下载。下载过程中，有时会出现一些不能连接或下载时等待很久而中断下载的情况，具体如下。

（1）有时可以下载，有时无法下载，多数为转换芯片与下载软件的兼容性问题。

解决办法：这一现象多数出现在使用 PL-2303HX 下载线时。此时，可更换该芯片的不同版本的驱动，或更换 STC 下载软件的版本。经测试，老版本 STC-ISP-V4.80、新版本 STC-ISP-V6.24 均可在 Windows 7 系统下较好地支持 PL-2303HX 转换芯片以 115200b/s 的速率下载。如果需要相应的程序与驱动，可到 www.dianzisheji.com 下载。

（2）能读取单片机信息，却经常下载失败。

解决办法：转换线太长、波特率太高、使用非 CH340/CH341 的下载线都会出现这种问题。此时，可以使用较短的下载线，设置到较低的速率（如 4800b/s、9600b/s），或更换下载线。

（3）不能连接单片机。

解决办法：更换 USB 转串口线下载线，或更换 STC-ISP 的版本。经测试，在 Windows 7 下，使用 PL-2303HX 转换芯片时 STC-ISP-V4.83、STC-ISP-4.86 均无法连接到单片机。

（4）单片机损坏或晶振无法起振。

解决方法：连好下载线后，如果软件不能连接到单片机，那么请更换单片机测试，或使用示波器检测单片机的引脚 19（X1）和引脚 18（X2）是否有与晶振频率对应的信号，若无信号，则更换晶振 Y1 或更换匹配电容 C_{10}、C_{11}。

2）数码管

数码管一般情况不容易损坏，如果发现下载测试程序后无显示，可检查 CH452 的引脚 17 是否接地。因为采用的是二线接法，H3L2 引脚必须接地才能与单片机通信。如果有显示，但不全是 0，或个别 LED 闪烁但不清晰，可检测电容 C_8 是否已安装，或检查 R_{P1} 中的电阻是否有焊接不良的现象。若以上均无问题，则说明 CH1452 已损坏，此时要更换芯片。

3）按键

下载程序后，若测试 ADC 键盘在数码管上不能正确显示相应的按键值，就要检查起分压力作用的 1kΩ 电阻是否一致，或更换单片机进行测试。4×4 键盘如果是自己设计的，那么一般可以正确显示对应的数字。若采用购买的薄膜键盘，则可能发现按下键盘后，数码管显示字符与键盘字符不相符，这时可更换键盘接口方向后再行测试，若还不行，就要自己对照电路更改行、列驱动线或更改代码内的返回值。

键盘的 A 键是向单片机内部 E^2PROM 内写 1024 个 0x5A 数据的测试键，数码管的低 4 位显示当前写入的地址，显示为 1023 后结束；键盘的 B 键将单片机内部的 E^2PROM 擦除；键盘的 C 键向 AT24C16 写入 0x00 并读取比对；键盘的 D 键向 AT24C16 写入 0xff 并读取比对，用于检测存储单元的好坏。数码管的高 4 位显示读取地址，低 4 位的前 2 位显示不正确的 E^2PROM 地址数量，后 2 位显示写入 E^2PROM 内的数据。

4）液晶

下载测试程序后，在未按下任何按键之前，若液晶有显示，则说明液晶没有问题；若液晶没有显示，或者显示暗淡，则要调节电阻 R_9 来调节液晶对比度，直到液晶能清晰显示为止。

5）E^2PROM

键盘的 C 键、D 键为 AT24C16 的读写测试。按下 C 键，向 AT24C16 写入 0x00 并读取比对；按下 D 键，向 AT24C16 写入 0xff 并读取比对。数码管高 4 位显示当前测试地址，低 4 位中的前 2 位显示不正确的 E^2PROM 地址数量，后 2 位显示写入 E^2PROM 内的数据。约 30s 后检测完毕。若错误地址显示为 0，则表明 AT24C16 的全部存储单元均工作正常；若显示其他数值，则表明该芯片内部有损坏的存储单元，此时该芯片仍能使用，但必须在使用前测试所用的单元是否正常。按下 C 键、D 键后，若数码管显示错误地址的数值一直变化，则表明 E^2PROM 芯片未正确连接或已损坏，此时要重新插拔芯片或更换 AT24C16。

第⑤章

可编程逻辑器件系统的设计与制作

5.1 FPGA 的发展与基本概念

5.1.1 FPGA 发展简史

每个被后来视为成功的新事物，从诞生到发展壮大，无一例外地经历了艰难的过程，并可能成为被研究的案例。FPGA 也不例外。

1985 年，当全球首款 FPGA 产品——XC2064 诞生时，注定要使用大量芯片的 PC 刚刚走出硅谷的实验室进入商业市场，因特网只是科学家和政府机构进行通信的神秘链路，无线电话还笨重得像块砖头，日后大红大紫的比尔·盖茨正在为生计而奋斗，创新的可编程产品似乎并没有什么用武之地。

事实也的确如此。最初，FPGA 只是用于胶合逻辑（GlueLogic），从胶合逻辑到算法逻辑再到数字信号处理、高速串行收发器和嵌入式处理器，FPGA 真正从配角变成了主角。在以闪电般速度发展的半导体产业中，30 多年足以改变一切。"在未来 10 年内每个电子设备都将有一个可编程逻辑芯片"的理想正在成为现实。

1985 年，Xilinx 公司推出的全球第一款 FPGA 产品 XC2064 就像是一只"丑小鸭"——采用 2μm 工艺，包含 64 个逻辑模块和 85000 个晶体管，门数量不超过 1000 个。22 年后，FPGA 业界双雄 Xilinx 和 Altera 公司纷纷推出了采用最新 65nm 工艺的 FPGA 产品，其门数量已达千万级，晶体管个数更是超过 10 亿。一路走来，FPGA 在不断地紧跟并推动着半导体工艺的进步——2001 年采用 150nm 工艺，2002 年采用 130nm 工艺，2003 年采用 90nm 工艺，2006 年采用 65nm 工艺……今天已在采用 11nm、7nm 和 5nm 工艺。

20 世纪 80 年代中期，可编程器件从任何意义上讲都不是当时的主流，虽然其并不是一个新概念。可编程逻辑阵列（PLA）在 1970 年左右就已出现，但一直被认为速度慢而难以使用。1980 年之后，可配置可编程逻辑阵列开始出现，它可以使用原始的软件工具提供有限的触发器和查找表能力。PAL 被视为小规模/中等规模集成电路的替代选择而逐步被人们接受，但当时可编程能力对大多数人来说仍是陌生和具有风险的。20 世纪 80 年代，在 megaPAL 方面的尝试使得这一情况更加严重，因为 megaPAL 在功耗和工艺扩展方面有严重缺陷，因此限制了它的广泛应用。

然而，Xilinx 公司创始人之一——FPGA 的发明者 Ross Freeman 认为，对于许多应用来说，如果实施得当，那么灵活性和可定制能力都是具有吸引力的特性。也许最初只能用于原型设计，但未来可能会代替更广泛意义上的定制芯片。随着技术的不断发展，FPGA 由配角变成了主角，很多系统都以 FPGA 为中心来设计。FPGA 走过了从初期开发应用到限量生产应用，再到大批量生产应用的发展历程。从技术上讲，FPGA 最初只是逻辑器件，现在则强调平台概念，加入数字信号处理、嵌入式处理、高速串行和其他高端技术后，被应用到了更多的领域。

　　当 1991 年 Xilinx 公司推出其第三代 FPGA 产品——XC4000 系列时，人们开始认真考虑可编程技术。XC4003 包含 44 万个晶体管，采用 0.7μm 工艺，FPGA 开始被制造商认为是可以用于制造工艺开发测试过程的良好工具。事实证明，FPGA 可为制造业提供优异的测试能力，FPGA 开始用来代替原先存储器所扮演的用来验证每代新工艺的角色。也许从那时起，向最新制程半导体工艺的转变就已不可阻挡。最新工艺的采用为 FPGA 产业的发展提供了机遇。

　　Actel 公司相信，Flash 将继续成为 FPGA 产业中的一个重要增长领域。Flash 技术有其独特之处，能将非易失性和可重编程性集于单芯片解决方案中，因此能提供高成本效益，而且处于有利的位置，能抢占庞大的市场份额。Actel 以 Flash 技术为基础的低功耗 IGLOO 系列、低成本的 ProASIC3 系列和混合信号 Fusion FPGA 将因具备 Flash 的固有优势，而继续引发全球广泛的兴趣和注意。

　　Altera 公司总裁兼首席执行官 John Daane 认为，FPGA 和 PLD 产业发展的最大机遇是替代 ASIC 和专用标准产品（ASSP），主要由 ASIC 和 ASSP 构成的数字逻辑市场的规模约为 350 亿美元。由于用户能迅速对 PLD 进行编程，按照需求实现特殊功能，因此与 ASIC 和 ASSP 相比，PLD 在灵活性、开发成本和产品及时面市方面更具优势。然而，PLD 通常比这些替代方案有更高的成本结构。因此，PLD 更适合对产品及时面市有较大需求的应用，以及产量较低的最终应用。PLD 技术和半导体制造技术的进步，从总体上缩小了 PLD 和固定芯片方案的相对成本差，在以前由 ASIC 和 ASSP 占据的市场上，Altera 公司已经成功地提高了 PLD 的销售份额，并且今后将继续这一趋势。

　　Xilinx 公司认为，ASIC SoC 的设计周期平均为 14～24 个月，用 FPGA 进行开发，时间平均可以降低 55%。而产品晚上市 6 个月，5 年内将少 33% 的利润，每晚 4 周时间等于损失 14% 的市场份额。FPGA 应用将不断加快，从面向 50 亿美元的市场扩展到面向 410 亿美元的市场

　　虽然未像蒸汽机车发明之初备受人们的嘲笑，但 FPGA 在诞生之初受到怀疑是毫无疑问的。当时，晶体管逻辑门资源极为珍贵，每个人都希望用到的晶体管越少越好。不过，Ross Freeman 挑战了这一观念，他大胆地预言："在未来，晶体管将变得极为丰富，从而可以'免费'使用。"如今，这一预言已成为现实。

　　"FPGA 非常适用于原型设计，但对于批量 DSP 系统应用来说，成本太高，功耗太大。"这是业界此前的普遍观点，很长时间以来也为 FPGA 进入 DSP 领域设置了观念上的障碍。如今，随着 Xilinx 公司和 Altera 公司相关产品的推出，DSP 领域已经不再是 FPGA 的禁区，相反却成了 FPGA 未来的希望所在。

　　FPGA 对半导体产业最大的贡献莫过于创立了无生产线（Fabless）模式。今天，采用

这种模式司空见惯，但在 20 多年前，芯片制造厂被认为是半导体芯片企业必须认真考虑的主要竞争优势。Xilinx 公司创始人之一 Bernie Vonderschmitt 成功地使日本精工公司（Seiko）确信，利用该公司的制造设施来生产 Xilinx 公司设计的芯片对双方都是有利的，于是无生产线模式就诞生了。

未来，相信 FPGA 还将在更多方面改变半导体产业！

5.1.2 FPGA 的基础概念

1. FPGA 简介

现场可编程门阵列（Field Programmable Gate Array, FPGA）是在可编程阵列逻辑（Programmable Array Logic, PAL）、门阵列逻辑（Gate Array Logic, GAL）、可编程逻辑器件（Programmable Logic Device, PLD）等可编程器件的基础上进一步发展的产物，是专用集成电路（ASIC）中集成度最高的一种。FPGA 采用了逻辑单元阵列（Logic Cell Array, LCA）这样一个新概念，内部包括可配置逻辑模块（Configurable Logic Block, CLB）、输入/输入模块（Input Output Block, IOB）和内部连线（Interconnect）三部分。用户可对 FPGA 内部的逻辑模块和 I/O 模块重新配置，以实现用户的逻辑。它还具有静态可重复编程和动态在系统重构的特性，使得硬件的功能可像软件一样通过编程来修改。作为专用集成电路领域中的一种半定制电路，FPGA 既解决了定制电路的不足，又克服了原有可编程器件门电路数有限的缺点。可以毫不夸张地讲，FPGA 能完成任何数字器件的功能，上至高性能 CPU，下至简单的 74 系列电路，都可用 FPGA 来实现。FPGA 如同一张白纸或一堆积木，工程师可以通过传统的原理图输入法，或采用硬件描述语言自由地设计数字系统。通过软件仿真，我们可以事先验证设计的正确性。PCB 完成后，还可利用 FPGA 的在线修改能力，随时修改设计而不必改动硬件电路。使用 FPGA 来开发数字电路，可以大大缩短设计时间，减小PCB 面积，提高系统的可靠性。FPGA 是由存放在片内 RAM 中的程序来设置其工作状态的，因此工作时需要对片内的 RAM 进行编程。用户可以根据不同的配置模式，采用不同的编程方式。加电时，FPGA 芯片将 EPROM 中的数据读入片内 RAM 中，配置完成后，FPGA进入工作状态。掉电后，FPGA 恢复为白片，内部逻辑关系消失。因此，FPGA 能够反复使用。FPGA 的编程无须专用的 FPGA 编程器，而只需用通用 EPROM、PROM 编程器。需要修改 FPGA 的功能时，只需换一片 EPROM。这样，对于同一片 FPGA，不同的编程数据可以产生不同的电路功能。因此，FPGA 的使用非常灵活。可以说，FPGA 芯片是小批量系统提高系统集成度、可靠性的最佳选择之一。目前 FPGA 的品种很多，有 Xilinx 公司的 XC系列、TI 公司的 TPC 系列、Altera 公司的 FIEX 系列等。

PLD 的这些优点使得 PLD 技术在 20 世纪 90 年代以后得到飞速发展，同时也大大推动了电子设计自动化（Electronic Design Automatic, EDA）软件和硬件描述语言（Hardware Description Language, HDL）的进步。

2. FPGA 的特点

FPGA 具有体系结构和逻辑单元灵活、集成度高及适用范围宽等特点，它兼容了 PLD和通用门阵列的优点，可实现较大规模的电路，编程也很灵活。与门阵列等其他 ASIC 相比，它还具有设计开发周期短、设计制造成本低、开发工具先进、标准产品无须测试、质量稳定及可实时在线检验等优点，因此被广泛用于产品的原型设计和小批量产品生产（一般在 10 000 件以下）中。几乎在所有应用门阵列、PLD 和中小规模通用数字集成电路的场合均可应用 FPGA。

FPGA 的基本特点如下：

（1）采用 FPGA 设计 ASIC 电路时，用户不需要投片生产就能得到合用的芯片。

（2）FPGA 可做其他全定制或半定制 ASIC 电路的中试样片。

（3）FPGA 内部有丰富的触发器和 I/O 引脚。

（4）FPGA 是 ASIC 电路中设计周期最短、开发费用最低、风险最小的器件之一。

（5）FPGA 采用高速 CHMOS 工艺，功耗低，可与 CMOS、TTL 电平兼容。

FPGA 有多种配置模式：并行主模式为一片 FPGA 加一片 EPROM 的方式；主从模式可以支持一片 PROM 编程多片 FPGA；串行模式可以采用串行 PROM 编程 FPGA；外设模式可以将 FPGA 作为微处理器的外设，由微处理器对其编程。

3. FPGA 和 ASIC 的比较

ASIC 是英文 Application Specific Integrated Circuits 的缩写，即专用集成电路，是指应特定用户要求和特定电子系统的需要而设计、制造的集成电路。目前用 CPLD（复杂可编程逻辑器件）和 FPGA（现场可编程逻辑阵列）来进行 ASIC 设计是最为流行的方式之一，它们的共性是都具有用户现场可编程特性，都支持边界扫描技术，但两者在集成度、速度及编程方式上各有特点。ASIC 的特点是面向特定用户的需求，品种多、批量少，要求设计和生产周期短。作为集成电路技术与特定用户的整机或系统技术紧密结合的产物，ASIC 与通用集成电路相比，具有体积小、重量轻、功耗低、可靠性高、性能高、保密性强、成本低等优点。

FPGA 特别适合于样品研制或小批量产品开发，使产品能以最快的速度上市，而当市场扩大时，它能很容易地由 ASIC 实现，因此开发风险也大为降低。然而，ASIC 也有其固有的优势，芯片可以获得最优的性能，即面积利用率高、速度快、功耗低，批量成本低。因此，在今后一段时间内 ASIC 仍然会占据高端芯片市场和大批量应用的成熟中低端市场。

4. FPGA 与 CPLD 的比较

尽管 FPGA 和 CPLD 都是可编程 ASIC 器件，有很多共同特点，但由于 CPLD 和 FPGA 结构上的差异，因此各有特点。

（1）CPLD 更适合完成各种算法和组合逻辑，FPGA 更适合于完成时序 FPGA 逻辑。换句话说，FPGA 更适合于触发器丰富的结构，而 CPLD 更适合于触发器有限而乘积项丰富的结构。

（2）CPLD 的连续式布线结构决定了它的时序延迟是均匀但可预测的，而 FPGA 的分段式布线结构决定了其延迟是不可预测的。

（3）在编程上，FPGA 与 CPLD 相比具有更大的灵活性。CPLD 通过修改具有固定内连电路的逻辑功能来编程，FPGA 主要通过改变内部连线的布线来编程。FPGA 是在逻辑门下编程，而 CPLD 是在逻辑块下编程。

（4）FPGA 的集成度比 CPLD 的高，具有更复杂的布线结构和逻辑实现。

（5）CPLD 比 FPGA 使用起来更方便。CPLD 的编程采用 E^{2}PROM 或 Fast Flash 技

术，无须外部存储器芯片，使用简单。FPGA 的编程信息需存放在外部存储器上，使用方法复杂。

（6）PLD 的速度比 FPGA 的快，并且具有较大的时间可预测性。FPGA 是门级编程，且 CLB 之间采用分布式互联；而 CPLD 是逻辑块级编程，并且其逻辑块之间的互联是集总式的。

（7）在编程方式上，CPLD 主要基于 E²PROM 或 Flash 存储器编程，编程次数可达 1 万次，优点是系统断电时编程信息也不丢失。CPLD 又可分为在编程器上编程和在系统编程两类。FPGA 大部分基于 SRAM 编程，编程信息在系统断电时丢失，每次上电时，需从器件外部将编程数据重新写入 SRAM。其优点是可以编程任意次，可在工作中快速编程，从而实现板级和系统级的动态配置。

（8）CPLD 的保密性好，FPGA 的保密性差。

（9）一般情况下，CPLD 的功耗要比 FPGA 的大，且集成度越高越明显。

5．FPGA 常用术语

LCA（Logic Cell Array）：逻辑单元阵列。内部包括可配置逻辑模块（Configurable Logic Block，CLB）、输入/输出模块（Input Output Block，IOB）和内部连线（Interconnect）三部分。

IOB（Input Output Block）：输入输出模块。为便于管理和适应多种电器标准，FPGA 的 IOB 被划分为若干组（bank），每组的接口标准由其接口电压 VCCO 决定，一个组只能有一种 VCCO，但不同组的 VCCO 可以不同。只有相同电气标准的端口才能连接在一起，VCCO 电压相同是接口标准的基本条件。

CLB（Configurable Logic Block）：可配置逻辑模块。CLB 是 FPGA 内的基本逻辑单元，每个 CLB 都包含一个可配置开关矩阵，该矩阵由 4 个或 6 个输入、一些选型电路（多路复用器等）和触发器组成。在赛灵思公司的 FPGA 器件中，CLB 由多个（一般为 4 个或 2 个）相同的 Slice 和附加逻辑构成。

Slice：赛灵思公司定义的基本逻辑单位。一个 Slice 由两个 4 输入函数、进位逻辑、算术逻辑、存储逻辑和函数复用器组成。

LUT（Look-Up-Table）：查找表。本质上是一个 RAM，目前 FPGA 中多使用 4 输入的 LUT，所以每个 LUT 都可视为一个有 4 位地址线的 RAM。

DCM：数字时钟管理模块。提供数字时钟管理和相位环路锁定。

BRAM：嵌入式块 RAM。块 RAM 可被配置为单端口 RAM、双端口 RAM、内容地址存储器（CAM）及 FIFO 等常用的存储结构。单片块 RAM 的容量为 18Kb，即位宽为 18 比特、深度为 1024，可以根据需要改变其位宽和深度，但要满足两个原则：首先，修改后的容量（位宽、深度）不能大于 18Kb；其次，位宽最大不能超过 36 比特。当然，可以将多片块 RAM 级联起来形成更大的 RAM，此时只受限于芯片内块 RAM 的数量，而不再受上面两个原则的约束。

5.1.3 FPGA 与嵌入式系统

1．嵌入式系统的处理核心

嵌入式系统的处理核心一般是通用处理器 CPU 或 MPU，主流的有 ARM、MIPS、PowerPC

等，近年来 ARM 的市场实际份额占有领先优势。ARM（Advanced RISC Machines）是微处理器行业的一家知名企业，它设计了大量高性能、廉价、耗能低的 RISC 处理器、相关技术及软件。ARM 架构是面向低预算市场设计的第一款 RISC 微处理器，基本是 32 位单片机的行业标准，它提供一系列内核、体系扩展、微处理器和系统芯片方案，4 个功能模块可供生产厂商根据不同用户的要求来配置生产。由于所有产品均采用通用的软件体系，所以相同的软件可在所有产品中运行。目前，ARM 在手持设备市场占 90% 以上的份额，可以有效地缩短应用程序开发与测试的时间，不可降低研发费用。ARM 是 32 位单片机，其内部硬件资源的性能较高，可以加载操作系统，有了操作系统，就可像 PC 那样多任务实时处理，即同一时间内能完成多个任务，而且不会互相影响。

2．嵌入式系统中的数字信号处理器

数字信号处理器（Digital Signal Processor，DSP）是一种独特的微处理器，它有自己的完整指令系统，是以数字信号来处理大量信息的器件。DSP 的最大特点是，内部有专用的硬件乘法器和哈佛总线结构，可快速处理大量的数字信号。一个数字信号处理器在一块不大的芯片内包含有控制单元、运算单元、各种寄存器及一定数量的存储单元等，在其外围还可连接若干存储器，并可与一定数量的外部设备互相通信，有软/硬件的全面功能，本身就是一台微型计算机。DSP 采用的是哈佛设计，即数据总线和地址总线分开，使程序和数据分别存储在两个分开的空间，允许取指令和执行指令完全重叠。也就是说，在执行上一条指令的同时，就可取出下一条指令，并进行译码，这大大提高了微处理器的速度。另外，还允许在程序空间和数据空间之间进行传输，因为增加了器件的灵活性。其工作原理是，接收模拟信号，将模拟信号转换为 0 或 1 的数字信号，再对数字信号进行修改、删除、强化，并在其他系统芯片中把数字数据解译回模拟数据或实际环境格式。它不仅具有可编程性，而且其实时运行速度可达每秒数千万条复杂指令，远远超过通用微处理器，是数字化电子世界中日益重要的芯片。它的强大数据处理能力和高运行速度，是最值得称道的两大特色。由于运算能力很强，速度很快，体积很小，而且采用软件编程具有高度的灵活性，因此 DSP 为从事各种复杂的应用提供了一条有效途径。根据数字信号处理的要求，DSP 芯片一般具有如下主要特点：

（1）在一个指令周期内可完成一次乘法和一次加法。

（2）程序和数据空间分开，可以同时访问指令和数据。

（3）片内具有快速 RAM，通常可通过独立的数据总线在两块中同时访问。

（4）具有低开销或无开销循环及跳转的硬件支持。

（5）快速的中断处理和硬件 I/O 支持。

（6）具有在单周期内操作的多个硬件地址生成器。

（7）可以并行执行多个操作。

（8）支持流水线操作，使取指、译码和执行等操作能重叠执行。

当然，与通用微处理器相比，DSP 芯片的其他通用功能相对要弱一些。

3．嵌入式系统中 DSP 和 FPGA 的主要功能

ARM 具有较强的事务管理功能，可用来运行界面及应用程序等，其优势主要体现在控制方面；ARM 是 32 位单片机，其内部硬件资源的性能较高，可以加载嵌入式操作系统。

DSP 主要用来计算，如进行加密/解密、调制/解调等，优势是强大的数据处理能力和

较高的运行速度。

FPGA 可用 VHDL 或 Verilog HDL 来编程，灵活性强。由于能够进行编程、除错、再编程和重复操作，因此可以充分地进行设计开发和验证。当电路有少量改动时，更能显示出 FPGA 的优势，其现场编程能力可以延长产品在市场上的寿命，而这种能力可以用来进行系统升级或除错。

DSP 是通用信号处理器，用软件实现数据处理；FPGA 用硬件实现数据处理。DSP 成本低，算法灵活，功能强，而 FPGA 的实时性好，成本较高，适合控制功能算法简单且含有大量重复计算的工程使用，DSP 适合控制功能复杂且含有大量计算任务的工程应用。

DSP 采用软件实现算法，FPGA 采用硬件实现算法，所以 FPGA 的处理速度更高；FPGA 比 DSP 快的一个重要原因是，FPGA 可以实现并行运算，而 DSP 由于硬件结构条件限制，主要依靠软件来提取指令执行。

FPGA 目前有代替 ARM 和 DSP 的可能，在 FPGA 内部置入乘法器和 DSP，就具有高速 DSP 处理能力。在 FPGA 内部置入硬核 CPU 或软核 CPU，就可成为既能实现数字逻辑又适应嵌入式开发的综合性器件。

5.2 FPGA 开发系统结构

5.2.1 基于 FPGA 开发的优势

表 5.2.1 归纳了基于 FPGA 开发的优势。

表 5.2.1 基于 FPGA 开发的优势

优　势	详　解
灵活性	• FPGA 的功能可在每次进行设备加电时调整，因此设计师只需将新配置文件下载到设备便可尝试更改 • 一般情况下，更改 FPGA 时无须更换昂贵的印制电路板 • ASSP 和 ASIC 具有固定的硬件功能，更改时需要耗费大量成本和时间
更快的速度	• 缩短产品上市时间和/或提升系统性能 • 与 ASIC 不同（需要数月的制造周期），FPGA 设备属于现货销售 • 由于 FPGA 的灵活性，设计投入实践并经过测试后，原始设备制造商可立即发运系统 • FPGA 可面向 CPU 提供卸载和加速功能，从而有效提升整体系统性能
集成	今天，FPGA 包括片上处理器、收发器 I/O（28Gb/s 或更快）、RAM 模块和 DSP 引擎等。FPGA 内的功能越多，就意味着电路板上的设备越少，从而能够通过减少设备故障来提高可靠性
总体拥有成本（TCO）	• 虽然 ASIC 的单位成本可能低于同等 的 FPGA，但它在构建过程中需要一次性成本投入（NRE），软件工具昂贵，需要有专业的设计团队，制造周期较长 • Altera FPGA 支持较长的生命周期（15 年或更长），从而可避免重新设计产生的成本和重新认证原始设备制造商的生产设备 • FPGA 支持向客户发运原型系统以进行现场实验，同时能够在投入批量生产之前进行快速更改，从而显著降低风险

5.2.2 FPGA 最小系统的核心电路

FPGA 最小系统是能使 FPGA 正常工作的最简单的系统。它的外围电路很少，只包括

FPGA 必要的控制电路。市场上的 FPGA 最小系统主要包括：FPGA 芯片、下载电路、外部时钟、复位电路和电源。需要使用软核的软嵌入式处理器还要包括 SDRAM 和 Flash。

下面以 Digilent 公司出品的 FPGA 开发板 Basys 3 为例进行说明。

Basys 3 使用一片 Xilinx Artix®-7 FPGA 芯片 XC7A35T-1CPG236C 搭建，它提供完整、随时可以使用的硬件平台，适合于从基本逻辑器件到复杂控制器件的各种主机电路。Basys 3 上集成了大量 I/O 设备和 FPGA 所需的支持电路，能够构建自己的数字系统设计，而不需要其他器件。

XC7A35T-1CPG236C 包含：33280 个逻辑单元；1 个六输入 LUT 结构；1 个 1800KB 的快速 RAM；5 个时钟管理单元（各含一个锁相环）；90 个 DSP Slices（内部时钟高达 450MHz）；1 个片上模数转换器（XADC）。

Basys 3 集成有 6 个拨键开关、16 个 LED、5 个按键开关、4 位七段数码管、12 位 VGA 输出接口、USB-UART 桥、串口 Flash、用于 FPGA 编程和通信的 USB-JTAG 口、连接鼠标/键盘/记忆棒的 USB 口。Basys 3 的俯视图如图 5.2.1 所示，其组成如表 5.2.2 所示。

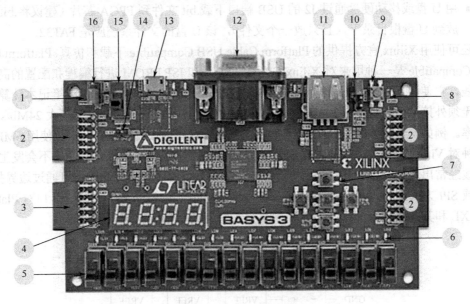

图 5.2.1　Basys 3 的俯视图

表 5.2.2　Basys 3 的组成

序　号	描　述	序　号	描　述
1	电源指示灯	9	FPGA 配置复位按键
2	Pmod 连接口	10	编程模式跳线柱
3	专用模拟信号 Pmod 连接口	11	USB 连接口
4	4 位七段数码管	12	VGA 连接口
5	16 个按键开关	13	UART/JTAG 共用 USB 接口
6	16 个 LED	14	外部电源接口
7	5 个按键开关	15	电源开关
8	FPGA 编程指示灯	16	电源选择跳线柱

5.2.3 FPGA 最小系统的外围扩展电路

Basys 3 提供 4 个标准扩展连接器和 Pmod 接口来配合用户设计电路板。扩展信号的 8 针接口均采用 ESD 保护，因此是入门或复杂数字电路系统设计的低成本平台。

5.2.4 FPGA 调试及下载电路

上电后，Basys 3 上必须配置 FPGA，才能执行有用的功能。在配置过程中，将.bit 文件转移到 FPGA 的内存单元中，实现逻辑功能和电路互连。一般来说，可用赛灵思公司的免费 Vivado 软件，通过 VHDL 或 Verilog HDL 语言或基于原理图的源文件来创建.bit 文件。

Basys 3 的系统默认主频为 100MHz。下载程序有三种方式：
- 用 Vivado 通过 JTAG 方式下载.bit 文件到 FPGA 芯片（掉电后需要重新配置）。
- 用 Vivado 通过 QSPI 方式下载.bit 文件到 Flash 芯片，实现掉电不易失。
- 用 U 盘或移动硬盘通过 J2 的 USB 端口下载.bit 文件到 FPGA 芯片（建议将.bit 文件放到 U 盘根目录下，且只放一个文件），该 U 盘的文件系统应是 FAT32。

还可使用 Xilinx 官方提供的 Platform Cable USB Compatible 下载和仿真。Platform Cable USB Compatible 是一种用来对 Xilinx CPLD、FPGA 和 ISP PROM 进行编程和配置的高性能下载线，它使用 USB 接口，通过一根高速屏蔽 USB 电缆与台式计算机或笔记本计算机连接，无须外接电源，如图 5.2.2 所示。在从串模式下，为 FPGA 器件提供最大 24Mb/s 的配置速率。例如，使用 12MHz 配置时钟对 XC3S400 器件进行配置只需 0.5s，使用 6MHz 配置时钟对 Virtex5-110T 进行配置则需要 8s。只要连接线路接触良好，就几乎不会发生并口下载线经常出现的配置失败现象。使用 iMPACT 软件，器件的编程和配置可通过边界扫描、从串或 SPI 方式进行。另外，Platform Cable USB Compatible 还支持通过 JTAG 口对 Platform Flash XL 和其他存储器进行间接编程，编程速率从 750kHz 到 24MHz 可选。

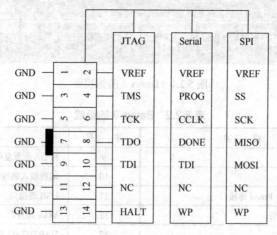

图 5.2.2　Xilinx 官方下载电缆的接口图

5.3 Verilog HDL 基础

5.3.1 硬件描述语言概述

硬件描述语言（HDL）类似于高级程序设计语言（如 C 语言等），是一种以文本形式来描述数字系统硬件的结构和行为的语言，用它可以表示逻辑电路图、逻辑表达式，还可以表示更复杂的数字逻辑系统所完成的逻辑功能（即行为）。还可以用 HDL 编写设计说明文档，这种文档易于存储和修改，适用于不同设计人员之间进行技术交流。HDL 能被计算机识别和处理，计算机对 HDL 的处理包括两个方面：逻辑仿真和逻辑综合。

逻辑仿真是指用计算机仿真软件对数字逻辑电路的结构和行为进行预测，仿真器对HDL 描述进行解释，以文本形式或时序波形图的形式给出电路的输出。在电路被实现之前，设计人员根据仿真结果可以初步判断电路的逻辑功能是否正确。在仿真期间，如果发现设计中存在的错误，那么可以对 HDL 描述进行修改，直至满足设计要求为止。

逻辑综合是指从 HDL 描述的数字逻辑电路模型中导出电路基本元件列表及元件之间的连接关系（常称为门级网表）的过程。它类似于高级程序设计语言中对一个程序进行编译得到目标代码的过程。不同的是，逻辑综合不产生目标代码，而产生门级元件及其连接关系的数据库，根据这个数据库可以制作出集成电路或印制电路板。

早期较为流行的硬件描述语言是 ABEL 语言。目前，在工业界、高等学校和研究单位广泛流行的有两种硬件描述语言：VHDL 和 Verilog HDL（简称 Verilog）。VHDL 是在 20世纪 80 年代中期由美国国防部支持开发出的，约在同一时期，由 Gateway Design Automation公司开发出 Verilog。两种 HDL 均为 IEEE 标准。

由于这两种语言的功能都很强大，在一般的应用设计中，设计者使用任何一种语言都可以完成任务，但 Verilog 的句法源自通用的 C 语言，较 VHDL 易学易用。所以本书以 Verilog为例，介绍数字电路系统计算机辅助设计的一般概念。

5.3.2 Verilog HDL 基本语法

1．Verilog 语言的基本语法规则

为了对数字电路进行描述（常称为建模），Verilog 语言规定了一套完整的语法结构，本节介绍 Verilog 语言的基本语法规则。

（1）间隔符

Verilog 的间隔符包括空格符（\b）、Tab 键（\t）、换行符（\n）及换页符。如果间隔符并非出现在字符串中，那么该间隔符被忽略。因此，编写程序时可以跨越多行书写，也可以在一行内书写。

间隔符主要起分隔文本的作用，在必要的地方插入适当的空格或换行符，可以使文本错落有致，便于阅读与修改。

（2）注释符

Verilog 支持两种形式的注释符：/*--*/和//。其中，/*--*/为多行注释符，用于写

多行注释；//为单行注释符，以双斜线//开始到行尾结束为注释文字。注释只是为了改善程序的可读性，在编译时不起作用。

（3）标识符和关键词

给对象（如模块名、电路的输入与输出端口、变量等）取名所用的字符串称为标识符，标识符通常由英文字母、数字、$符和下画线组成，并且规定标识符必须以英文字母或下画线开始，不能以数字或$符开头。标识符区分大小写。例如，clk、counter8、_net、bus_A 等都是合法的标识符，而 2cp、$latch、a*b 则是非法的标识符；A 和 a 是两个不同的标识符。

关键词是 Verilog 语言本身规定的特殊字符串，用来定义语言的结构，通常为小写英文字符串。例如，module、endmodule、input、output、wire、reg、and 等都是关键词。注意，关键词不能作为标识符使用。

（4）逻辑值集合

为了表示数字逻辑电路的逻辑状态，Verilog 语言规定了 4 种基本的逻辑值，见表 5.3.1。

表 5.3.1　4 种基本的逻辑值

0	逻辑 0，逻辑假
1	逻辑 1，逻辑真
x 或 X	不确定的值（未知状态）
z 或 Z	高阻态

（5）常量及其表示

在程序运行过程中，其值不能被改变的量称为常量。Verilog 中有两种类型的常量：整数型常量和实数型常量。

整数型常量有两种不同的表示方法：一是使用简单的十进制数的形式表示常量，例如 30、-2 都是十进制数表示的常量。用这种方法表示的常量被认为是有符号的常量。二是使用带基数的形式表示常量，其格式为

<+/-><位宽>'<基数符号><数值>

其中<+/->表示常量是正整数还是负整数，当常量为正整数时，前面的正号可以省略；<位宽>定义了常量对应的二进制数的宽度；<基数符号>定义了后面<数值>的表示形式，在<数值>表示中，左边是最高有效位，右边是最低有效位。整数型常量可用二进制数（基数符号为 b 或 B）的形式表示，还可用十进制数（基数符号为 d 或 D）、十六进制数（基数符号为 h 或 H）和八进制数（基数符号为 o 或 O）的形式表示。例如，3'b101、5'o37、8'he3 分别表示位宽为 3 位的二进制数 101、位宽为 5 位的八进制数 37 和位宽为 8 位的十六进制数 e3；-4'd10、4'b1x0x 分别表示位宽为 4 位的十进制数 10 和位宽为 4 位的二进制数 1x0x。为了增加数值的可读性，可以在数字之间增加下画线，例如 8'b1001_0011 是位宽为 8 位的二进制数 10010011。

实数型常量也有两种表示方法：一是使用简单的十进制记数法，如 0.1、2.0、5.67 等都是十进制记数法表示的实数型常量。二是使用科学记数法，如 23_5.1e2、3.6E2、5E-4 等都是使用科学记数法表示的实数型常量，它们以十进制记数法表示时分别为 23510.0、360.0 和 0.0005。

为了将来修改程序的方便并增强可读性，Verilog 允许用参数定义语句定义一个标识符来代表一个常量，称为符号常量。定义的格式为

```
parameter 参数名1 = 常量表达式1,参数名2= 常量表达式2,…;
```

下面是符号常量的定义实例：

```
parameter BIT=1,BYTE=8,PI=3.14;
parameter DELAY=(BYTE+BIT)/2;
```

（6）字符串

字符串是双撇号内的字符序列，但字符串不允许分成多行书写。在表达式和赋值语句中，字符串要转换成无符号整数，用一串 8 位 ASCII 码表示，每个 8 位 ASCII 码代表一个字符。例如，字符串"ab"等价于 16'h5758。存储字符串"INTERNAL ERROR"需要定义 8×14 位的变量。

2．Verilog 语言的变量的数据类型

在程序运行过程中，其值可以改变的量称为变量。在 Verilog 语言中，变量有两大类数据类型：一类是线网型，另一类是寄存器型。

（1）线网型

线网型是硬件电路中元件之间实际连线的抽象。线网型变量的值由驱动元件的值决定。例如，在图 5.3.1 所示的线网示意图中，线网 L 和与门 G1 的输出相连，线网 L 的值由与门的驱动信号 a 和 b 决定，即 L=a&b。a、b 的值发生变化，线网 L 的值会立即跟着变化。定义线网型变量后，没有被驱动元件驱动时，线网的默认值为高阻态 z（线网 trireg 除外，它的默认值为 x）。

图 5.3.1　线网示意图

常用的线网类型由关键词 wire 定义。如果没有明确地说明线网型变量是多位宽的矢量，那么线网型变量的位宽为 1 位。在 Verilog 模块中，如果没有明确地定义输入、输出变量的数据类型，那么默认为位宽为 1 位的 wire 型变量。wire 型变量的定义格式如下：

```
Wire [n-1:0] 变量名1,变量名2,…,变量名n;
```

其中,方括号内以冒号分隔的两个数字定义变量的位宽,位宽的定义也可用[n:1]的形式定义。下面是 wire 型变量定义的一些例子：

```
wire a,b;                    //在图5.3.1中声明2个线网型变量a,b
wire L;                      //在图5.3.1中声明线网型变量L
wire [7:0] databus;          //8位总线
wire [32:1] busA, busB, busC; //32位宽的3个总线
```

线网型变量除 wire 外，还有 wand、wor、tri、triand、trior、trireg 等。

（2）寄存器型

寄存器型表示一个抽象的数据存储单元，它具有状态保持作用。寄存器型变量只能在 initial 或 always 内部被赋值。寄存器型变量在未被赋值前，默认值是 x。

在 Verilog 语言中，有 4 种寄存器型变量，见表 5.3.2。

表5.3.2 寄存器型变量及其说明

寄存器类型	功 能 说 明
reg	用于行为描述中对寄存器型变量的说明
integer	32 位带符号的整数型变量
real	64 位带符号的实数型变量，默认值为 0
time	64 位无符号的时间型变量

常用寄存器型变量由关键词 reg 定义。若未明确地说明寄存器型变量是多位宽的矢量，则寄存器变量的位宽为 1 位。reg 型变量的定义格式如下：

```
reg [n-1:0] 变量名1,变量名2,...,变量名n;
```

下面是 reg 型变量定义的一些例子：

```
reg clock;                    //定义1位寄存器变量
reg [3:0] counter;            //定义4位寄存器变量
```

integer、real 和 time 三种寄存器型变量都是纯数学的抽象描述，不对应任何具体的硬件电路。

integer 型变量通常用于对整数型常量进行存储和运算，在算术运算中 integer 型数据被视为有符号数，用二进制补码的形式存储。而 reg 型数据通常被当做无符号数来处理。每个 integer 型变量存储一个至少 32 位的整数值。注意 integer 型变量不能使用位矢量，例如定义 integer [3:0] num;是错误的。integer 型变量的应用举例如下：

```
integer counter;        //定义一个整型变量counter
initial
counter=-1;             //将-1以补码的形式存储在counter中
```

这里，initial 是一种过程语句结构，只有寄存器类型的变量才能在 initial 内部赋值。

real 型变量通常用于对实数型常量进行存储和运算，实数不能定义范围，其默认值为 0。当实数值被赋给一个 integer 型变量时，只保留整数部分的值，小数点后面的值被截掉。real 型变量的应用举例如下：

```
real delta;             //定义一个实数型变量delta
initial
  begin
    delta=4e10;         //给delta赋值
    delta=2.13;
end
integer i;              //定义一个整型变量i
initial
    i=delta;            //i得到的值是2（只将实数2.13的整数部分赋给i）
```

time 型变量主要用于存储仿真的时间，它只存储无符号数。每个 time 型变量存储一个至少 64 位的时间值。为了得到当前的仿真时间，常调用系统函数 $time。time 型变量的应用举例如下：

```
time current_time;              //定义一个时间类型的变量current_time
initial
current_time=$time;             //保存当前的仿真时间到变量current_time中
```

3. Verilog 程序的基本结构

Verilog 中使用了约 100 个预定义的关键词定义该语言的结构。Verilog 使用一个或多个模块对数字电路建模，一个模块可以包括整个设计模型或设计模型的一部分，模块的定义总以关键词 module 开始，以关键词 endmodule 结尾。模块定义的一般语法结构如下：

```
module 模块名(端口名1，端口名2，端口名3,...);
端口类型说明(input,outout,inout);            说明部分
参数定义（可选）;
数据类型定义（wire,reg等）;

实例化低层模块和基本门级元件;
连续赋值语句（assign）;                       逻辑功能描述部分,其顺序是任
过程块结构（initial和always）              意的
行为描述语句;
endmodule
```

其中"模块名"是模块唯一的标识符，圆括号中以逗号分隔列出的端口名是该模块的输入、输出端口；在 Verilog 中，"端口类型说明"为 input（输入）、output（输出）、inout（双向端口）三者之一，凡是在模块名后面圆括号中出现的端口名，都必须明确地说明其端口类型。"参数定义"是指将常量用符号常量代替，以增加程序的可读性和可修改性，它是一个可选语句。"数据类型定义"部分用来指定模块内所用数据对象是寄存器型还是连线型。

接着要对该模块完成的逻辑功能进行描述，通常可用三种不同风格描述电路的功能：一是使用实例化低层模块的方法，即调用其他已定义好的低层模块对整个电路的功能进行描述，或直接调用 Verilog 内部基本门级元件描述电路的结构，通常将这种方法称为结构描述方式；二是使用连续赋值语句对电路的逻辑功能进行描述，通常称之为数据流描述方式，对组合逻辑电路建模使用该方式特别方便；三是使用过程块语句结构（包括 initial 语句结构和 always 语句结构两种）和比较抽象的高级程序语句对电路的逻辑功能进行描述，通常称之为行为描述方式。行为描述侧重于描述模块的行为功能，不涉及实现该模块逻辑功能的详细硬件电路结构。行为描述方式是学习的重点。设计人员可以选用这三种方式中的任意一种或混合使用几种来描述电路的逻辑功能，并且在程序中的排列顺序是任意的。此外，还有一种开关级描述方式，它专门对 MOS 管构成的逻辑电路进行建模，这里不做介绍。

5.3.3 组合逻辑电路的 HDL 建模

模块是 Verilog 程序的基本组成单元，可以使用不同的风格描述模块所完成的逻辑功能。本节介绍组合逻辑电路的三种建模技巧。

1. 组合逻辑电路的门级建模

门级建模是指用 HDL 规定的文本语言表示逻辑电路图，即调用 Verilog 语言中内置的

基本门级元件来描述逻辑图中的元件及元件之间的连接关系。Verilog 语言中内置了 12 个基本门级元件模型。门级元件的输出、输入必须为线网型变量。使用这些元件进行逻辑仿真时，仿真软件会根据程序的描述给每个元件中的变量分配逻辑 0、逻辑 1、不确定态 x 和高阻态 z 这四个值之一。门级建模应用比较窄，这里不做阐述。

2. 组合逻辑电路的数据流建模

对于基本单元逻辑电路，使用 Verilog 语言提供的门级元件模型描述电路非常方便，但随着电路复杂性的增加，使用的逻辑门较多时，将使得 HDL 门级描述的工作效率很低。本节介绍的数据流建模能够在较高的抽象级别描述电路的逻辑功能，并且通过逻辑综合软件，能够自动地将数据流描述转换成为门级电路。

下面首先介绍数据流建模中要用到的运算符，然后举例说明数据流建模的方法。

（1）运算符

Verilog 语言提供了约 30 个运算符，见表 5.3.3。双目运算符是指一个运算符需要带两个操作数，即对两个操作数进行运算。单目运算符只对一个操作数进行运算，而三目运算符需要带三个操作数。

表 5.3.3　Verilog HDL 的运算符

类　型	符　号	功能说明	类　型	符　号	功能说明
算术运算符（双目运算符）	+	二进制加	关系运算符（双目运算符）	>	大于
	−	二进制减		<	小于
	*	二进制乘		>=	大于等于
	/	二进制除		<=	小于等于
	%	求模		==	等于
				!=	不等于
位运算符（双目运算符）	~	按位取反	缩位运算符（单目运算符）	&	缩位与
	&	按位与		~&	缩位与非
	|	按位或		|	缩位或
	^	按位异或		~|	缩位或非
	^~或~^	按位同或		^	缩位异或
				^~或~^	缩位同或
逻辑运算符	!	逻辑非	移位运算符（双目运算符）	>>	右移
	&&	逻辑与		<<	左移
	||	逻辑或			
位拼接运算符	{,}　{{}}	将多个操作数拼接成为一个操作数	条件运算符（三目运算符）	?:	根据条件表达式是否成立选择表达式
全等运算符	===	全等于	不全等运算符	!==	不全等

位运算符和缩位运算符之间是有区别的。位运算将两个操作数按对应位进行相应的逻辑运算，操作数是几位数，运算结果也是几位数。缩位运算对单个操作数的各位进行相应运算，最后的运算结果是 1 位二进制数。假设变量 A、B 的值分别为 4'b1010 和 4'b1111，位运算、缩位运算和逻辑运算比较表见表 5.3.4。

表 5.3.4　位运算、缩位运算和逻辑运算比较表

位运算	~A=0101 ~B=0000	A&B=1010	A|B=1111	A^B=0101	A~^B=1010
缩位运算	&A=1&0&1&0=0	~&A=1 &B=1	|A=1 ~|B=0	^A=0 ^B=0	~^A=1 ~^B=1

　　逻辑运算符&&和||为双目运算符，逻辑运算符!为单目运算符，逻辑运算的结果为1位。在运算过程中，如果操作数只有1位，那么1代表逻辑1，而0代表逻辑0；操作数由多位组成时，若操作数的每位都是0，则认为该操作数具有逻辑0值；反之，若操作数中的某位为1，则认为该操作数具有逻辑1值；若任意一个操作数为 x 或 z，则逻辑运算的结果为不定态 x。例如，设变量 A、B 的值分别为 $2'b10$ 和 $2'b00$，则 A 为逻辑1，B 为逻辑0，于是!A=0、!B=1、A&&B=1&&0=0、A||B=1||0=1。

　　位拼接运算符的作用是将两个或多个信号的某些位拼接起来成为一个新操作数，进行运算操作。例如，设 $A=1'b1$，$B=2'b10$，$C=2'b00$，若将操作数 B、C 拼接起来，则得到{B,C}=$4'b1000$；若将操作数 A、B 的第1位和 C 的第0位拼接起来，则得到一个3位矢量的新操作数，即{A,B[1],C[0]}=$3'b110$。若将操作数 A、B、C 和 $3'b101$ 拼接起来，则得到一个8位矢量的新操作数，即{A,B,C,$3'b101$}=$8'b11000101$。

　　对同一个操作数重复拼接，还可以使用双重大括号构成的运算符{{}}，例如{4{A}}=$4'b1111$，{2{A},2{B},C}=$8'b11101000$。注意，参与拼接的操作数必须标明位宽。

　　条件运算符有三个操作数，运算时根据条件表达式的值选择表达式。一般用法如下：

```
condition_expr?expr1:expr2;
```

　　首先计算第一个操作数 condition_expr 的值，若结果为逻辑1，则选择第二个操作数 expr1 的值作为结果返回，否则选择第三个操作数 expr2 的值作为结果返回。该运算符的功能与下面的条件语句（if-else）等效：

```
If(condition_expr==TRUE)
expr1;
else expr2;
```

（2）数据流建模举例

　　在 Verilog 语言中，数据流建模使用的基本语句是连续赋值语句，连续赋值语句用于对 wire 型变量进行赋值，它由关键词 assign 开始，后面跟由操作数和运算符组成的逻辑表达式。例如，2选1数据选择器的连续赋值描述如下：

```
wire A,B,SEL,L;              //声明4个线网型变量
assign L=(A & ~SEL)|(B & SEL);   //连续赋值
```

　　连续赋值语句的执行过程是：只要逻辑表达式右边变量的逻辑值发生变化，等式右边表达式的值会被立即算出并赋给左边的变量。注意，在 assign 语句中，左边变量的数据类型必须是 wire 型。

　　前面门级描述中介绍的2线-4线译码器和4位全加器的数据流描述，分别如例5.1和例5.2所示。例5.1由4个逻辑表达式组成的连续赋值语句实现了2线-4线译码器的逻辑功能。仿真时，4条连续赋值语句是同时并行执行的。

例5.1
```
// 2线-4线译码器的数据流建模描述
module decoder_df (A1,A0,E,Y);
    input A1,A0,E;
```

```
        output [3:0] Y;
        assign Y[0]=~(~A1 & ~A0 & ~E);
        assign Y[1]=~(~A1 & A0 & ~E);
        assign Y[2]=~(A1 & ~A0 & ~E);
        assign Y[3]=~(A1 & A0 & ~E);
    endmodule
```

例 5.2 中加法器的逻辑功能由一条连续赋值语句描述，由于被加数和加数都是 4 位，而低位来的进位为 1 位，所以运算的结果可能为 5 位，用{Cout,Sum}拼接起来表示。

例5.2

```
//  4位加法器的数据流建模描述
module binary_adder(A,B,Cin,SUM,Cout);
    input [3:0] A,B;
    input Cin;
    output [3:0] SUM;
    output Cout;
    assign {Cout,SUM}=A+B+Cin;
endmodule
```

例 5.3 使用条件运算符描述了一个 2 选 1 数据选择器。在连续赋值语句中，若 SEL=1，则输出 L=A，否则输出 L=B。

例5.3

```
//  2选1数据选择器的数据流建模描述
module mux2x1_df(A,B,SEL,L);
    input A,B,SEL;
    output L;
    assign L=SEL ? A : B;
endmodule
```

从上面的例子来看，数据流建模根据电路的逻辑功能进行描述，不必考虑电路的组成及元件之间的连接，是描述组合逻辑电路的常用方法之一。

3. 组合逻辑电路的行为级建模

行为级建模是指描述数字逻辑电路的功能和算法，一般使用 always 结构，后跟一系列过程赋值语句，给 reg 类型的变量赋值。在 always 结构内部使用的逻辑表达式是一种过程赋值语句。此外，还有一些与高级程序设计语言类似的语句，常用的有条件语句（if-else）和多路分支语句（case-endcase）。下面先介绍这两条语句的用法，然后通过例子对组合逻辑电路的行为级建模进行简单介绍。

（1）条件语句

条件语句根据判断条件是否成立，确定下一步运算。Verilog 语言中有三种形式的 if 语句，一般用法如下：

```
    if (condition_expr) true_statement;
```

或

```
    if (condition_expr) true_statement;
    else fale_statement;
```

或

```
    if (condition_expr1) true_statement1;
```

```
        else if (condition_expr2) true_statement2;
        else if (condition_expr3) true_statement3;
        ...
        else default_statement;
```

if 后面的条件表达式一般为逻辑表达式或关系表达式。执行 if 语句时，首先计算表达式的值，若结果为 0、x 或 z，则按"假"处理；若结果为 1，则按"真"处理，并执行相应的语句。注意，在第三种形式中，从第一个条件表达式 condition_expr1 开始依次进行判断，直到最后一个条件表达式被判断完毕，所有的表达式都不成立时才执行 else 后面的语句。这种判断上的先后次序本身就隐含着一种优先级关系，在使用时应予以注意。首先判断的第一个条件的优先级最高，随后的条件的优先级依次递减。

（2）多路分支语句

case 语句是一种多分支条件选择语句，其一般形式如下：

```
        case (case_expr)
        item_expr1: statement1;
        item_expr2: statement2;
        ...
        default: default_statement; //default语句可以省略
        endcase
```

执行时，首先计算 case_expr 的值，然后依次与各分支项中表达式的值进行比较，若 case_expr 的值与 item_expr1 的值相等，则执行语句 statement1，以此类推，若 case_expr 的值与所有列出的分支项的值都不相等，则执行语句 default_statement。

注意：

① 每个分支项中的语句可以是单条语句，也可以是多条语句。若是多条语句，则必须在多条语句的最前面写上关键词 begin，在这些语句的最后写上关键词 end，这样多条语句就成了一个整体，称之为顺序语句块。

② 每个分支项表达式的值必须各不相同，判断到与某分支项的值相同并执行相应的语句后，便结束 case 语句的执行。

③ 若几个连续排列的分支执行同一条语句，则这几个分支项表达式之间可以用逗号分隔，将语句写在这几个分支项表达式的最后一个中。

（3）组合逻辑电路的行为级建模举例

下面通过例 5.4 和例 5.5 来介绍组合电路的行为级建模。

例 5.4 和例 5.5 是数据选择器的行为级描述。例 5.4 使用 if-else 语句描述 2 选 1 数据选择器，例 5.5 混合使用 if-else 和 case 语句描述带有使能控制端的 4 选 1 数据选择器。行为级描述的标识是 always 结构，always 是一个循环执行语句，其后跟循环执行的条件@(SEL or A or B)（注意后面没有分号），它表示圆括号内的任意一个变量发生变化时，下面的过程赋值语句就会被执行一次，执行完最后一条语句，执行挂起，always 语句再次等待变量发生变化，因此将圆括号内列出的变量称为敏感变量。对组合逻辑电路来说，所有的输入信号都是敏感变量，应该写在圆括号内。

注意：

① 敏感变量之间使用关键词 or 代替了逻辑或运算符（|）。

② 过程赋值语句只能给寄存器型变量赋值，因此程序中将输出变量 L 定义成 reg 数

据类型。

```
例5.4
//Behavioral description of 2-to-1-line multiplexer
module mux2to1_bh(A,B,SEL,L);
  input A,B,SEL;
  output L;
  reg L;   //define register variable
  always @(SEL or A or B)
  if (SEL==1) L=B; //也可以写成 if(SEL) L=B;
  else L=A;
endmodule
```

```
例5.5
//Behavioral description of 4-to-1-line multiplexer
module mux4to1_bh(A,SEL,E,L);
  input [3:0] A;
  input [1:0] SEL;
  output L;
  reg L;
  always @(A or SEL or E)
  begin
   if (E==1)  L=0;
   else
     case (SEL)
         2'd0: L=A[0];
         2'd1: L=A[1];
         2'd2: L=A[2];
         2'd3: L=A[3];
  endcase
  end
endmodule
```

5.3.4 锁存器与触发器的 HDL 建模

1. 时序电路建模基础

在 Verilog 中，行为级描述主要使用由关键词 initial 或 always 定义的两种结构类型的语句。一个模块的内部可以包含多个 initial 或 always 语句，仿真时这些语句同时并行执行，即与它们在模块内部排列的顺序无关，都从仿真的 0 时刻开始执行。

initial 语句是一条初始化语句，仅执行一次，经常用于测试模块中对激励信号进行描述，在硬件电路的行为描述中，有时为了仿真的需要，也用 initial 语句给寄存器变量赋初值。initial 语句主要是一条面向仿真的过程语句，不能用于逻辑综合，因而这里不做详细介绍。

always 语句本身是一条无限循环语句，即不停地循环执行其内部的过程语句，直到仿真过程结束。但用它来描述硬件电路的逻辑功能时，通常在 always 后面紧跟循环的控制条件，所以 always 语句的一般用法如下：

```
always @(事件控制表达式)
begin
   块内局部变量的定义;
   过程赋值语句;
end
```

其中，"事件控制表达式"也称敏感事件表，即等待确定的事件发生或某一特定条件变为"真"，它是执行后面过程赋值语句的条件。"过程赋值语句"左边的变量必须被定义为寄存器数据类型，右边变量可以是任意数据类型。begin 和 end 将多条过程赋值语句包围起来，组成一个顺序语句块，块内的语句按照排列顺序依次执行，最后一条语句执行完后，执行挂起，然后 always 语句处于等待状态，等待下一个事件的发生。注意，当 begin 和 end 之间只有一条语句且没有定义局部变量时，关键词 begin 和 end 可以被省略。

在 Verilog 中，将逻辑电路中的敏感事件分为两种类型：电平敏感事件和边沿触发事件。在组合电路中，输入信号的变化会直接导致输出信号的变化；时序电路中的锁存器输出在使能信号为高电平时亦随输入电平而变化。这种对输入信号电平变化的响应称为电平敏感事件。例如，语句

```
always @(sel or a or b)
```

说明 sel、a 或 b 中任意一个信号的电平发生变化（即有电平敏感事件发生）时，后面的过程赋值语句将会执行一次。

触发器状态的变化仅发生在时钟脉冲的上升沿或下降沿。Verilog 中分别用关键词 posedge（上升沿）和 negedge（下降沿）进行说明，这就是边沿敏感事件。

例如，语句

```
always @(posedge CP or negedge CR)
```

说明在时钟信号CP的上升沿到来，或在清零信号CR跳变为低电平时，后面的过程语句就会执行。

always 语句内部的过程赋值语句有两种类型：阻塞型赋值语句和非阻塞型赋值语句。所用的赋值符分别为=和<=，通常称=为阻塞赋值符，称<=为非阻塞赋值符。在串行语句块中，阻塞型赋值语句按照它们在块中排列的顺序依次执行，即前一条语句没有完成赋值之前，后面的语句不能被执行，换言之，前面的语句阻塞了后面语句的执行，这与在一个高速公路收费站，所有汽车必须排成队列前进缴费类似。例如，下面两条阻塞型赋值语句的执行过程是：首先执行第一条语句，将 A 的值赋给 B，接着执行第二条语句，将 B 的值（等于 A 值）加 1，并赋给 C，执行完后，C 的值等于 A+1。假设 A=3，B=5，执行后 C=4。

```
begin
    B=A;
    C=B+1;
end
```

为了改变这种阻塞的状况，Verilog 提供了由<=符号构成的非阻塞型赋值语句。非阻塞型语句的执行过程是：首先计算语句块内部所有右边表达式的值，然后完成对左边寄存器变量的赋值操作，这些操作是并行执行的。例如，下面两条非阻塞型赋值语句的执行过程是：首先计算所有表达式右边的值并分别存储在暂存器中，即 A 的值被保存在一个暂存器

中，而 B+1 的值被保存在另一个暂存器中，在 begin 和 end 之间所有非阻塞型赋值语句的右边表达式都被同时计算并存储后，对左边寄存器变量的赋值操作才会进行。这样，C 的值等于 B 的原始值（而不是 A 的赋值）加 1。假设 A=3，B=5，执行后 C=6。

```
begin
    B<=A;
    C<=B+1;
end
```

综上所述，阻塞型赋值语句和非阻塞型赋值语句的主要区别是，完成赋值操作的时间不同，前者的赋值操作是立即执行的，即执行后一句时，前一句的赋值已经完成；而后者的赋值操作要到顺序块内部的多条非阻塞型赋值语句运算结束时，才同时并行完成赋值操作，一旦赋值操作完成，语句块的执行也就结束。需要注意的是，在可综合的电路设计中，一个语句块的内部只允许出现唯一一种类型的赋值语句，而不允许阻塞型赋值语句和非阻塞型赋值语句二者同时出现。在时序电路的设计中，建议采用非阻塞型赋值语句。

2. 锁存器和触发器的 Verilog 建模实例

本节给出一些锁存器和触发器的行为级描述实例。例 5.6 是 D 锁存器的描述，它有两个输入（D 和 E）、一个输出（Q）。对于锁存器来说，当输入控制信号处于有效电平时（即 E=1 时），其输出 Q 跟随输入信号 D 的变化而变化；当控制信号无效时，输出 Q 保持不变。所以在 always 语句中@符号之后的"事件控制表达式"使用了电平敏感事件，说明如果输入信号 E 或 D 发生变化，就会执行一次后面的 if 语句，但只有 E 为逻辑 1 时，输入 D 的变化才能传送到输出 Q；否则，输出 Q 将保持不变。注意，由于输出 Q 是在过程语句中被赋值的，所以必须将它声明为 reg 类型的变量。

例5.6
```
// D锁存器的建模
module D_latch(Q,D,E);
    output Q;
    input D,E;
    reg Q;
    always @(E or D)
      if(e)  Q<=D;     //Same as: if(E==1)
endmodule
```

例 5.7 中描述的是基本 D 触发器，其输出信号为 Q，输入信号为 D 和 CP。由于是在过程语句中被赋值的，因此输出信号 Q 必须声明为 reg 型变量。在 always 语句@符号之后的"事件控制表达式"中使用了边沿触发事件，即 posedge CP，使其后的语句 Q<=D 仅在 CP 上升沿期间将 D 的值赋给 Q，而在其他任何时间，无论 D 信号如何变化，都不能改变 Q 的状态。

例5.7
```
// 基本D触发器建模描述
module DFF (Q,D,CP);
    output Q;
    input D,CP;
    reg Q;
    always @(posedge CP)
```

```
    Q<=D;
endmodule
```

　　例 5.8 描述了具有异步直接置 1、异步置 0（复位）功能的 D 触发器。在 always 语句的"事件控制表达式"中，比前一模块增加了两个异步触发事件 negedge Sd 和 negedge Rd。在这种表达式中，可以有一个或多个异步事件，但必须有一个事件是时钟事件，它们之间用关键词 or 连接。这个模块中的触发事件表示，在输入信号 CP 的上升沿到来时，或 Sd 或 Rd 跳变为低电平时，后面的 if-else 语句会被执行一次。negedge Sd 和 negedge Rd 是两个异步事件，它与 if (~Sd||~Rd) 语句相匹配。条件具备时，接下来若 Sd 为逻辑 0（if(~Sd)），则将输出 Q 置 1，将 QN 置 0；否则（else）将输出 Q 置 0，将 QN 置 1；若 Sd 和 Rd 均不为 0，只能是时钟 CP 上升沿到来，则将输入 D 传送到输出 Q，将~D 传送到 QN。从语句执行的顺序可以看出，若直接置 1 或置 0 事件和时钟事件同时发生，则置 1 或置 0 事件有更高的优先级别。

例5.8
```
//带异步置位和异步复位功能的D触发器建模描述
module async_set_rst_DFF (Q,QN,D,CP,Sd,Rd);
    output Q,QN;
    input D,CP,Sd,Rd;
    reg Q,QN;
    always @(posedge CP or negedge Sd or negedge Rd)
if (~Sd || ~Rd)
if (~Sd) begin
Q<=1'b1;
QN<=1'b0;
end
else  begin
Q<=1'b0;
QN<=1'b1;
end
else begin
Q<=D;
QN<=~D;
end
endmodule
```

　　例 5.9 描述了具有同步置 0 功能的 D 触发器，即置 0 信号 Rd 也要在 CP 脉冲上升沿作用下才起作用。于是，在 always 语句中@符号之后的"事件控制表达式"中只有一个时钟事件，它表示只有在 CP 的上升沿到来时，后面的 if-else 语句才会被执行，此时首先检查 Rd 信号，若 Rd 为逻辑 0，则将输出 Q 置 0；否则将输入 D 传给输出 Q。显然，在该语句块中，置 0 信号 Rd 仍具有优先权，只有 Rd=1 时，才有可能执行 Q<=D 语句。

例5.9
```
//带同步复位功能的D触发器建模描述
module sync_rst_DFF(Q,D,CP,Rd);
    output Q;
    input D,CP,Rd;
    reg Q;
```

```
       always @(posedge CP)
        if (~Rd) Q<=1'b0;  //在时钟CP的上升沿才能复位触发器
        else Q<=D;
 endmodule
```

5.3.5 时序逻辑电路的 HDL 建模

组合电路可在逻辑门级通过调用内置的逻辑门元件进行描述，也可用数据流描述语句和行为级描述语句进行描述，而触发器通常使用行为级描述语句进行描述。由于时序逻辑电路通常由触发器和逻辑门构成，因此可以结合数据流描述语句和行为级描述语句来描述其逻辑功能（即行为）。下面通过几个例子进行说明。

1. 移位寄存器的 Verilog 建模

例 5.10 通过行为级描述语句 always 描述了一个 4 位双向移位寄存器，它有两个选择输入端、两个串行数据输入端、4 个并行数据输入端和 4 个并行输出端，完成的功能与 74HCT194 的类似。它有 5 种功能：异步置零、同步置数、左移、右移和保持原状态不变。当清零信号 CR 跳变到低电平时，寄存器的输出被异步置 0；否则，当 CR=1 时，与时钟信号有关的 4 种功能由 case 语句中的两个选择输入信号 S1、S0 决定（在 case 后面 S1、S0 被拼接成两位矢量）。移位由串行输入和 3 个触发器的输出拼接起来进行描述，例如，语句

```
      Q <= {Dsl,Q[3:1]};
```

说明了左移操作，即在时钟信号CP上升沿作用下，将左移输入端Dsl的数据直接传给输出Q[3]，而触发器输出端的数据左移1位，Q[3:1]传给Q[2:0]（即Q[3]->Q[2]，Q[2]->Q[1]，Q[1]->Q[0]），于是完成将数据左移1位的操作。注意，右移和左移方向是相对的。有些计算机中的定义是高位在左、低位在右，有些计算机中的定义恰好相反。初学者要注意Verilog描述语句中的排列和移动方向。

```
 例5.10
 //  多功能移位寄存器的行为描述
 module shift74x194(S1,S0,D,Dsl,Dsr,Q,CP,CR);
    input S1,S0;                           //选择输入
    input Dsl,Dsr;                         //串行数据输入
    input CP,CR;                           //时钟和置位
    input [3:0] D;                         //并行数据输入
    output [3:0] Q;                        //寄存器输出
    reg [3:0] Q;
    always @ (posedge CP or negedge CR)
     if (~CR) Q<=4'b0000;                  //异步清零（复位）
     else
       case ({S1,S0})
        2'b00: Q<=Q;                       //保持不变
        2'b01: Q<={Q[2:0],Dsr};            //右移
        2'b10: Q<={Dsl,Q[3:1]};           //左移
        2'b11: Q<=D;                       //并行置数
       endcase
 endmodule
```

2．计数器的 Verilog 建模

下面通过三个实例介绍同步二进制计数器、异步二进制计数器和非二进制计数器的 Verilog 建模。

（1）同步二进制计数器

例 5.11 中的模块描述了具有异步置零、并行置数功能的 4 位同步二进制计数器，它的功能与 74LVC161 的类似。在该模块中，混合使用了 assign 语句和 always 语句，assign 语句描述了组合电路中由与门产生的使能控制信号 CE（中间节点）和进位输出信号 TC，当计数器计数到最大值 15 时，TC=1。always 语句描述了计数器的逻辑功能，当 CR 信号跳变到低电平（由 negedge CR 描述）时，计数器的输出被置 0；否则，当 CR=1 时，在 CP 的上升沿作用下，完成其他三种功能：同步置数、加 1 计数和保持原有状态不变。注意，if-else 语句隐含的优先级别与 74LVC161 的相同。

例5.11

```verilog
// 具有同步并行置数和计数使能的二进制计数器
module counter74x161(CEP,CET,PE,D,CP,CR,Q,TC);
  input CEP,CET,PE,CP,CR;
  input [3:0] D;                    //数据输入
  output TC;                        //输出进位
  output [3:0] Q;                   //数据输出
  reg [3:0] Q;
  wire CE;
  assign CE=CEP & CET;
  assign TC=CET & (Q==4'b1111);
  always @(posedge CP or negedge CR)
    if (~CR) Q<=4'b0000;
    else if (~PE) Q<=D;            //PE=0，并行同步置数
    else if (~CE) Q<=Q;           //保持不变
    else Q<=Q+1'b1;               //向上计数
endmodule
```

（2）异步二进制计数器

异步二进制计数器的结构化描述如例 5.12 所示。第一个模块通过 4 次调用第二个模块完成计数功能，第二个模块是带有异步置零功能的 D 触发器，它作为设计的底层。在第一个模块中，第一个触发器 FF0 的输出 Q0 反相（用~Q0 表示）后与 D 输入相连（在 FF0 中用~Q0 取代 D），构成 T' 触发器，其时钟接到外部输入 CP。第二个触发器 FF1 的输出 Q1 反相后与 D 输入相连（在 FF1 中用~Q1 取代 D），其时钟接到前一个触发器的输出（用 Q0 取代 CP）。类似地，将 4 个触发器级联在一起构成异步二进制计数器。要注意调用第二个模块时端口的排列顺序。

例5.12

```verilog
// 异步计数器
module ripplecounter(Q0,Q1,Q2,Q3,CP,CR);
    output Q0,Q1,Q2,Q3;
    input CP,CR;
//Instantiate D flip-flop
    D_FF FF0(Q0,~Q0,CP,~CR);
    D_FF FF1(Q1,~Q1,Q0,~CR);
```

```
    D_FF FF2(Q2,~Q2,Q1,~CR);
    D_FF FF3(Q3,~Q3,Q2,~CR);
endmodule
//module D_FF with asynchronous reset
module D_FF(Q,D,CP,Rd);
    output Q;
    input D,CP,Rd;
    reg Q;
    always @(negedge CP or negedge Rd)
        if (~Rd) Q<=1'b0;
        else Q<=D;
endmodule
```

（3）非二进制计数器

例 5.13 描述了一个带有异步置零功能的同步十进制计数器。当清零信号 CR 跳变到低电平（由 negedge CR 描述）时，计数器的输出被置 0；否则，当 CR=1 且使能信号 CE=1 时，在 CP 的上升沿作用下，若计数值大于等于 9，则计数器的输出被置零；若计数值小于 9，则计数器的值加 1。当 CR=1 但 CE=0 时，计数器保持原来的状态不变。注意，电路的功能描述与具体的硬件电路结构是无关的。

```
例5.13
//带有异步置零功能的同步十进制计数器
module m10_counter(CE,CP,CR,Q);
    input CE,CP,CR;
    output [3:0] Q;                      //数据输出
    reg [3:0] Q;
always @(posedge CP or negedge CR)
    if (~CR) Q=4'b0000;
    else if (CE)
      begin if (Q>=4'b1001) Q<=4'b0000;
              else   Q<=Q+1'b1;
       end
        else Q<=Q;                       //无变化，默认条件
endmodule
```

5.3.6 复杂有限状态机的 HDL 建模

用 Verilog 描述状态图是十分方便的，可以直接写出描述语句。描述状态图的方法很多，最常用 always 语句和 case 语句。例 5.14 给出了一个用于检测连续输入序列 110 的状态机的 Verilog 描述。例中采用通常的方法定义了电路的输入、输出、时钟及清零信号，保存电路状态值的触发器用标识符 current_state、next_state 定义，并使用参数定义语句 parameter 定义了电路的三种状态，即 S0=2'b00、S1=2'b01 和 S2=2'b11。注意，虽然使用 S2=3 的形式定义状态在语句上是正确的，但存储"3"这个整数至少要使用 32 位寄存器，而存储 2'b11 只需要 2 位寄存器，所以例中使用的定义方式更好一些。

电路的功能描述使用了两个并行执行的 always 语句，通过公用变量相互进行通信。第一个 always 语句使用边沿触发事件描述了电路的触发器部分，第二个 always 语句使用电

平敏感事件描述了组合逻辑部分。

第一个 `always` 语句说明了异步复位到初始状态 S0 和同步时钟完成的操作，语句

```
current_state <= next_state;
```

仅在时钟CP的下降沿被执行，这意味着第二个always语句内部next_state的值变化，会在时钟 CP 下降沿到来时被传送给 current_state。第二个 always 语句把现态 current_state和输入数据Data作为敏感变量，只要其中的任何一个变量发生变化，就会执行顺序语句块内部的case语句，跟在case语句后面的各分支项说明了状态的转换及输出信号。注意，在**Mealy**型电路中，当电路处于任何给定的状态时，如果输入信号A发生变化，则输出信号Y也会跟着变化。

例5.14

```
//用于检测连续输入序列110的状态机的Verilog描述
module  Mealy_sequence_detector(A,CP,CR,Y);
    input A,CP,CR;
    output Y;
    reg Y;
    reg [1:0] current_state,next_state;
    parameter  S0=2'b00,S1=2'b01,S2=2'b11;
    always @(negedge CP or negedge CR)
    begin
      if (~CR)
          current_state<=S0;              //Initialize to state s0
      else
          current_state<=next_state;
    end
    always @(current_state or A)
    begin
      case(current_state)
        S0: begin Y=0; next_state=(A==1)? S1: S0; end
        S1: begin Y=0; next_state=(A==1)? S2: S0; end
        S2: if (A==1)
                  begin Y=0; next_state<=S2; end
            else
                begin Y=1; next_state<=S0; end
        default: begin Y=0; next_state<=S0; end
      endcase
    end
endmodule
```

图 5.3.2 所示摩尔型状态图的 **Verilog** 描述见例 5.15。它表明仅用一个 `always` 语句描述状态的转换也是可能的，电路的状态用标识符 `state` 表示，在时钟信号 CP 的上升沿到来时，电路状态的变化用 `case` 语句进行描述。电路的输出就是触发器的现态，在两次 CP 信号的上升沿之间，输入信号 `Data` 的变化不会影响到输出信号，用 `assign` 语句进行说明。

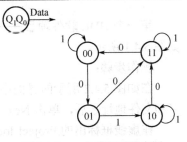

图 5.3.2　一个摩尔型状态图

例5.15

```
// 摩尔型状态图的Verilog描述
module Moore_mdl(Data,Q,CP,CR);
  input Data,CP,CR;
  output [1:0]Q;
  reg [1:0] state;
  parameter S0=2'b00,S1=2'b01,S2=2'b10,S3=2'b11;
  always @(posedge CP or negedge CR)
  begin
    if (~CR) state<=S0;                    //Initialize to state S0
    else
       case (state)
       S0: if (~Data) state<=S1;
       S1: if (Data) state<=S2; else state<=S3;
       S2: if (~Data) state<=S3;
       S3: if (~Data) state<=S0;
     endcase
    end
    assign Q=state;                        //Output of flip-flops
endmodule
```

5.4　基于 Vivado 的 FPGA 开发

5.4.1　Vivado 简介

Vivado 设计套件是 FPGA 厂商赛灵思公司于 2012 年发布的按钮式集成设计环境，它包括高度集成的设计环境和新一代从系统到IC级的工具。Vivado 设计套件也是一个基于 AMBA AXI4 互联规范、IP-XACT IP 封装元数据、工具命令语言（TCL）、Synopsys 系统约束（SDC），以及其他有助于根据客户需求量身定制设计流程并符合业界标准的开放式环境。赛灵思公司构建的Vivado工具把各类可编程技术结合在一起，能够扩展多达1亿个等效 ASIC 门的设计。

Vivado 设计套件功能特别强大，这里仅介绍 Verilog HDL 编译、综合、生成、下载。

安装 Vivado 时，选择最小配置即可，而不必安装所有的模块。建议安装到目录 C:\XILINX 或 D:\XILINX 下。

5.4.2　使用 Vivado 构建一个最简单的"3-8 译码器"

第一个 HDL 软件项目——一个最简单的"3-8 译码器"（3 个拨码开关和 8 个 LED）如图 5.4.1 所示。

操作步骤：

在如图 5.4.2 所示的界面中，单击虚线框中的图标，快速创建一个工程；输入工程文件名和文件地址之后，单击 Next 按钮，如图 5.4.3 所示。

在虚线框标出的 Project location 文本框中，输入自己的学号，如 E:// B20150808188。注意，要选虚线三角形中的选项，即选中创建工程子目录选项。

选中 RTL Project，如图 5.4.4 所示，单击 Next 按钮。

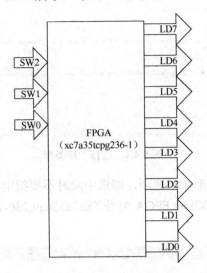

图 5.4.1　最简单的 "3-8" 译码器

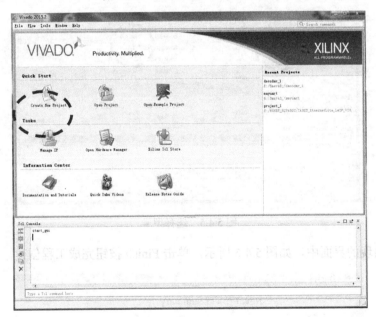

图 5.4.2　快速创建一个工程

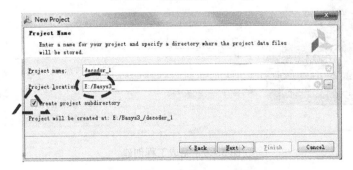

图 5.4.3　输入工程名和工程地址

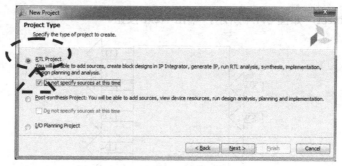

图 5.4.4　选择工程类型

注意，要选中虚线三角形中的选项，即选中此时不要指定源文件。

选择 Basys 3 上正确的 Xilinx FPGA 型号（xc7a35tcpg236-1），如图 5.4.5 所示，然后单击 Next 按钮。

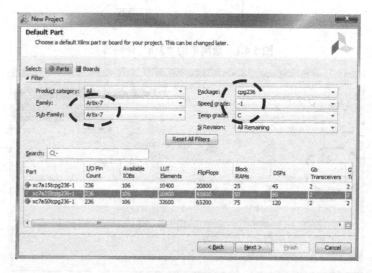

图 5.4.5　选择型号

在随后出现的界面中，如图 5.4.6 所示，单击 Finish 按钮完成工程创建。

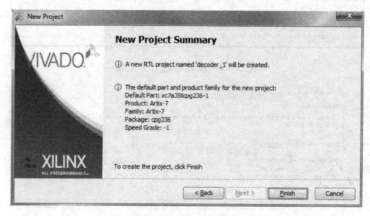

图 5.4.6　完成工程创建

在工程文件界面中，单击左侧 Project Manager 窗口中的 Add Sources 按钮，如图 5.4.7 所示。

在如图 5.4.8 所示的界面中，选中 Add or create design sources 后，单击 Next 按钮。

在如图 5.4.9 所示的界面中，单击 Create File 按钮。

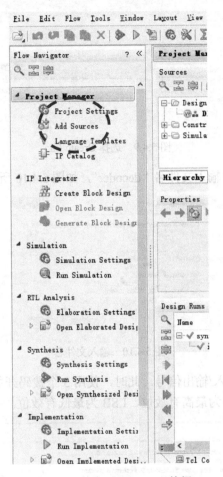

图 5.4.7　单击 Add Sources 按钮

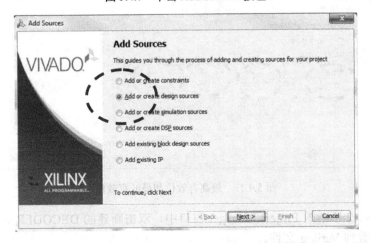

图 5.4.8　选中 Add or create design sources 选项

图 5.4.9　选择 Create File

在 File name 文本框中输入文件名"decoder"，如图 5.4.10 所示，然后单击 OK 按钮。

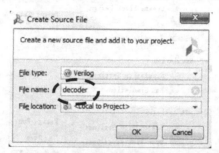

图 5.4.10　输入文件名

为 3-8 译码器指定输入/输出信号。此时，使用 3 个拨码开关和 8 个 LED 灯。
在图 5.4.11 中，MSB 为最高有效位，LSB 为最低有效位。

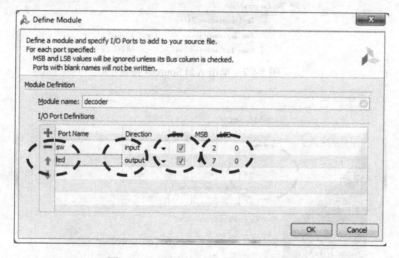

图 5.4.11　最高有效位和最低有效位

在如图 5.4.12 所示的 Project Manager 窗口中，双击新建的 DECODER.v 文件链接，在
窗口右侧即能看到 Verilog 文件。

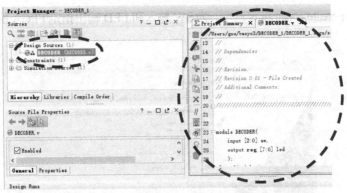

图 5.4.12 双击新建的 DECODER.v 文件链接

在右侧的源文件中，输入例 5.16 的 Verilog 代码并保存。

```
例5.16
module decoder(
    input [2:0] sw,
    output reg [7:0] led
);
always@(sw)    begin
case(sw)
3'b000: led<=8'b0000_0001;
3'b001: led<=8'b0000_0010;
3'b010: led<=8'b0000_0100;
3'b011: led<=8'b0000_1000;
3'b100: led<=8'b0001_0000;
3'b101: led<=8'b0010_0000;
3'b110: led<=8'b0100_0000;
3'b111: led<=8'b1000_0000;
endcase
end
endmodule
```

在左侧 Project Manager 窗口中，再次单击 Add Sources 按钮，如图 5.4.13 所示。

图 5.4.13 再次单击 Add Sources 按钮

选中 Add or create constraints 选项，为 SW 输入和 LED 输出指定 FPGA 的引脚，如图 5.4.14 所示。

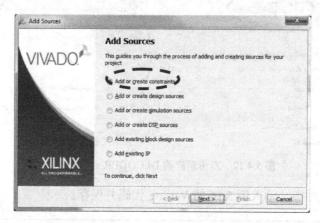

图 5.4.14　选中 Add or create constraints 选项

将该约束文件命名为 decoder，如图 5.4.15 所示。图中 XDC 的全称为 Xilinx Design Constraints，即赛灵思设计约束文件。

图 5.4.15　为约束文件命名

双击打开 DECODER.xdc 文件，如图 5.4.16 所示。

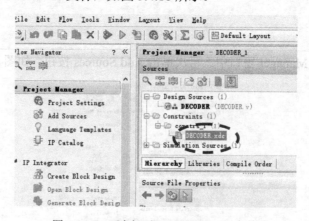

图 5.4.16　双击打开 DECODER.xdc 文件

如图 5.4.17 所示，输入例 5.17 中描述"3-8 译码器"输入/输出信号的约束和电平接口的代码。

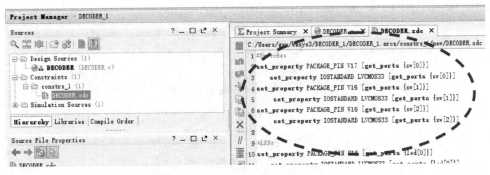

图 5.4.17 输入代码

```
例5.17

#Switches
set_property PACKAGE_PIN V17 [get_ports {sw[0]}]
    set_property IOSTANDARD LVCMOS33 [get_ports {sw[0]}]
set_property PACKAGE_PIN V16 [get_ports {sw[1]}]
    set_property IOSTANDARD LVCMOS33 [get_ports {sw[1]}]
set_property PACKAGE_PIN W16 [get_ports {sw[2]}]
    set_property IOSTANDARD LVCMOS33 [get_ports {sw[2]}]


#LEDs
set_property PACKAGE_PIN U16 [get_ports {led[0]}]
    set_property IOSTANDARD LVCMOS33 [get_ports {led[0]}]
set_property PACKAGE_PIN E19 [get_ports {led[1]}]
    set_property IOSTANDARD LVCMOS33 [get_ports {led[1]}]
set_property PACKAGE_PIN U19 [get_ports {led[2]}]
    set_property IOSTANDARD LVCMOS33 [get_ports {led[2]}]
set_property PACKAGE_PIN V19 [get_ports {led[3]}]
    set_property IOSTANDARD LVCMOS33 [get_ports {led[3]}]
set_property PACKAGE_PIN W18 [get_ports {led[4]}]
    set_property IOSTANDARD LVCMOS33 [get_ports {led[4]}]
set_property PACKAGE_PIN U15 [get_ports {led[5]}]
    set_property IOSTANDARD LVCMOS33 [get_ports {led[5]}]
set_property PACKAGE_PIN U14 [get_ports {led[6]}]
    set_property IOSTANDARD LVCMOS33 [get_ports {led[6]}]
set_property PACKAGE_PIN V14 [get_ports {led[7]}]
    set_property IOSTANDARD LVCMOS33 [get_ports {led[7]}]
```

在窗口左侧，单击 Run Synthesis 按扭。如果运行没有问题，单击 Run Implementation 按钮。如果运行仍然没有问题，单击 Generate Bitstream 按钮，如图 5.4.18 所示。

说明：运行过程中会出现一些警告！原因是没有做任何时序约束。然而，本设计只是组合逻辑，用不着时钟，因此可以忽略这些警告。

在图 5.4.18 所示窗口的左下方，单击 Open Hardware Manager 按钮。使用 USB 数据线将 PC 连接到 Basys 3 的 USB 口后，单击选择箭头所示位置的芯片型号，如图 5.4.19 所示。

图 5.4.18　单击 Open Hardware Manager 链接

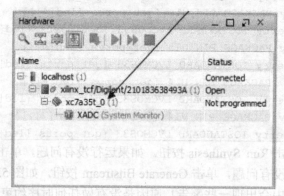

图 5.4.19　选择芯片型号

　　在窗口左侧，单击 Run Synthesis 栏目，如果这一步没有问题，再单击 Run Implementation 栏目。没问题后再单击 Generate Bitstream 栏目，如图 5.4.18 所示。本书中只是简单的调试，因此在本书中采用的是一种综合后自动往下进行的流程。本书中只是对具体参数略作详细，因此，只需用自己对应的过程。

　　如图 5.4.20 所示，选择比特流文件 decoder.bit 后，单击 Program 按钮，将比特流下载到 FPGA。注意，虚线框中的目录应是你自己的设计目录，它与本例中的目录可能不同。

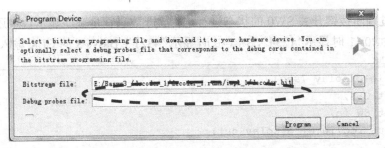

图 5.4.20　选择比特流文件 decoder.bit

改变 3 个拨码开关（SW2、SW1 和 SW0），8 个 LED 的亮灭会相应变化，如图 5.4.21 所示。

图 5.4.21　LED 的亮灭

5.4.3　使用 Vivado 驱动动态数码管扫描

按 5.4.2 节给出的步骤，建立一个工程 display_7seg，添加并编写 .V 文件和 .XDC 文件，如图 5.4.22 所示。示例源代码的端口定义可以参考前一个例子，示例源代码只用了一个开关 SW0。

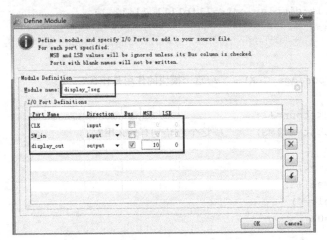

图 5.4.22　显示译码器的端口定义

例 5.18 是源文件参考代码，它利用开发板的 4 个七段数码管依次显示数字 "1234" 和

"4321"，通过判断拨键开关 **SW0** 的状态进行选择，即数码管是顺序显示数字还是逆序显示数字。例如，SW0=1 时显示"1234"，SW0=0 时显示"4321"；Basys 3 的 CLK 输入为 100MHz。

例5.18

```verilog
module display_7seg(
input CLK,
input SW_in,
output reg[10:0] display_out);

reg [19:0]count=0;
reg [2:0] sel=0;
parameter T1MS=50000;        //在实验中调整数值，观察显示结果是否与预期的一样？
always@(posedge CLK)
begin
    if(SW_in==0)
begin
    case(sel)      //这个case语句段显示什么数字？
    0:display_out<=11'b0111_1001111;
    1:display_out<=11'b1011_0010010;
    2:display_out<=11'b1101_0000110;
    3:display_out<=11'b1110_1001100;
    default:display_out<=11'b1111_1111111;
    endcase
end
else
begin
    case(sel)      //这个case语句段显示什么数字？
    0:display_out<=11'b1110_1001111;
    1:display_out<=11'b1101_0010010;
    2:display_out<=11'b1011_0000110;
    3:display_out<=11'b0111_1001100;
    default:display_out<=11'b1111_1111111;
    endcase
end
end
always@(posedge CLK)      //这个模块的作用是什么？
begin
    count<=count+1;
    if(count==T1MS)      //这个if语句有什么用？
    begin
    count<=0;
    sel<=sel+1;
    if(sel==4)
    sel<=0;
    end
end
endmodule
```

引脚分配约束文件参考代码见例 5.19。

例5.19

```
set_property PACKAGE_PIN W5 [get_ports CLK]
set_property PACKAGE_PIN V17 [get_ports SW_in]
set_property IOSTANDARD LVCMOS33 [get_ports SW_in]
set_property IOSTANDARD LVCMOS33 [get_ports CLK]


//对照Basys 3的FPGA的引脚分布图，以下11根display_out线分别对应什么？
set_property PACKAGE_PIN W4 [get_ports    {display_out[10]}]
set_property PACKAGE_PIN V4 [get_ports    {display_out[9]}]
set_property PACKAGE_PIN U4 [get_ports    {display_out[8]}]
set_property PACKAGE_PIN U2 [get_ports    {display_out[7]}]
set_property PACKAGE_PIN W7 [get_ports    {display_out[6]}]
set_property PACKAGE_PIN W6 [get_ports    {display_out[5]}]
set_property PACKAGE_PIN U8 [get_ports    {display_out[4]}]
set_property PACKAGE_PIN V8 [get_ports    {display_out[3]}]
set_property PACKAGE_PIN U5 [get_ports    {display_out[2]}]
set_property PACKAGE_PIN V5 [get_ports    {display_out[1]}]
set_property PACKAGE_PIN U7 [get_ports    {display_out[0]}]


set_property IOSTANDARD LVCMOS33 [get_ports    {display_out[9]}]
set_property IOSTANDARD LVCMOS33 [get_ports    {display_out[8]}]
set_property IOSTANDARD LVCMOS33 [get_ports    {display_out[7]}]
set_property IOSTANDARD LVCMOS33 [get_ports    {display_out[6]}]
set_property IOSTANDARD LVCMOS33 [get_ports    {display_out[5]}]
set_property IOSTANDARD LVCMOS33 [get_ports    {display_out[4]}]
set_property IOSTANDARD LVCMOS33 [get_ports    {display_out[3]}]
set_property IOSTANDARD LVCMOS33 [get_ports    {display_out[1]}]
set_property IOSTANDARD LVCMOS33 [get_ports    {display_out[2]}]
set_property IOSTANDARD LVCMOS33 [get_ports    {display_out[0]}]
set_property IOSTANDARD LVCMOS33 [get_ports    {display_out[10]}]
```

备注：SW1的引脚约束描述见上一节，需要读者自己添加到这里。

分别进行逻辑综合、逻辑生成、产生码流，通过 JTAG 下载到 Basys 3。

根据 HDL 代码中的注释，请读者自己试着修改范例的源代码，下载到 Basys 3 并记录实验结果。

5.4.4 使用 Vivado 构建复杂有限状态机

使用有限状态机设计一个 4 位密码锁。利用 Basys 3 上的滑动开关，由 sw[0] 到 sw[9] 分别代表数字 0~9，依次输入 4 位不重复的密码。若密码输入顺序与设计设置的一致，则显示大写字母 P，否则显示大写字母 F。注意，即使密码输入错误，也要在输入完整的 4 位密码后才显示大写字母 F。密码锁的状态转换图如图 5.4.23 所示。

注意事项如下：

（1）为简化实验设计，要求使用不重复的 4 位密码。

（2）为便于调试，使用 sw[15] 作为状态机复位按键（clr）。

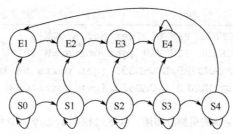

图 5.4.23 密码锁的状态转换图

例 5.20 是参考源代码。

```
例5.20
module doorlock(
input CLK,
input clr,
input [9:0] sw,
output reg [10:0] display_out);
reg[3:0] present_state, next_state;
parameter S0=4'b0000,S1=4'b0001,S2=4'b0010,S3=4'b0011,S4=4'b0100,
E1=4'b0101,E2=4'b0110,E3=4'b0111,E4=4'b1000;
reg [29:0] count;
reg [9:0] keys=0;
always @(posedge CLK or posedge clr)
begin
if (clr) count<=0;
else count<=count+1;
end
assign clk_3=count[24]; // ~3Hz
always @(posedge clk_3 or posedge clr) // STATE TRANSITION
begin
if (keys!=sw) keys<=sw;
if (clr) present_state<=S0;
else present_state<=next_state;
end
// Demo for Finite State Machine
// the correct password is 0->1->2->3
//(Switch sw[0]->sw[1]->sw[2]->sw[3] in order.)
always @(*)
begin
case (present_state)
S0: begin
if (~|keys[9:0]) next_state <=S0; // no key pressed
else if (keys[0]) next_state <=S1; // first valid key pressed
else next_state<=E1; // first invalid key pressed
end
S1: begin
if (~|keys[9:1]) next_state<=S1; // no key pressed
else if (keys[1]) next_state<=S2;// second valid key pressed
```

```
else next_state<=E2;// second invalid key pressed
end
S2: begin
if (~|keys[9:2]) next_state<=S2; // no key pressed
else if (keys[2]) next_state<=S3; // third valid key pressed
else next_state<=E3;// third invalid key pressed
end
S3: begin
if (~|keys[9:3]) next_state<=S3; // no key pressed
else if (keys[3]) next_state<=S4;// fourth vaild key pressed
else next_state<=E4;// fourth invalid key pressed
end
S4: begin
if (~|keys[9:4]) next_state<=S4; // no key pressed
else next_state <=E1; // fifth key pressed, but ignored ***
end
E1:begin
if (keys!=sw) next_state<=E2; // second invalid key pressed
else next_state<=E1; // no key pressed
end
E2:begin
if (keys!=sw) next_state<=E3; // third invalid key pressed
else next_state<=E2; // no key pressed
end
E3:begin
if (keys!=sw) next_state<=E4; // fourth invalid key pressed
else next_state<=E3; // no key pressed
end
E4: next_state<=E4; // the additional keys are ALL ignored ***
default: next_state<=S0;
endcase
end
always @(*) // indicate the number of inputs and display the tag
begin
case(present_state)
S4: display_out<=11'b0111_0011000;         //P in left-most segment
E4: display_out<=11'b1110_0111000;         //F in right-most segment
S0: display_out<=11'b1001_0011100;         //oo in the middle segments
S1, E1: display_out<=11'b1001_0111111;     //confirm first input
S2, E2: display_out<=11'b1001_0011111;     //confirm second input
S3, E3: display_out<=11'b1001_0011110;     //confirm third input
default:display_out<=11'b1111_1111111;     //no display
endcase
end
endmodule
```

例 5.21 是引脚约束文件。

例5.21

```
## Clock signal
set_property PACKAGE_PIN W5 [get_ports CLK]
set_property IOSTANDARD LVCMOS33 [get_ports CLK]
## Switches
set_property PACKAGE_PIN V17 [get_ports {sw[0]}]
set_property IOSTANDARD LVCMOS33 [get_ports {sw[0]}]
set_property PACKAGE_PIN V16 [get_ports {sw[1]}]
set_property IOSTANDARD LVCMOS33 [get_ports {sw[1]}]
set_property PACKAGE_PIN W16 [get_ports {sw[2]}]
set_property IOSTANDARD LVCMOS33 [get_ports {sw[2]}]
set_property PACKAGE_PIN W17 [get_ports {sw[3]}]
set_property IOSTANDARD LVCMOS33 [get_ports {sw[3]}]
set_property PACKAGE_PIN W15 [get_ports {sw[4]}]
set_property IOSTANDARD LVCMOS33 [get_ports {sw[4]}]
set_property PACKAGE_PIN V15 [get_ports {sw[5]}]
set_property IOSTANDARD LVCMOS33 [get_ports {sw[5]}]
set_property PACKAGE_PIN W14 [get_ports {sw[6]}]
set_property IOSTANDARD LVCMOS33 [get_ports {sw[6]}]
set_property PACKAGE_PIN W13 [get_ports {sw[7]}]
set_property IOSTANDARD LVCMOS33 [get_ports {sw[7]}]
set_property PACKAGE_PIN V2 [get_ports {sw[8]}]
set_property IOSTANDARD LVCMOS33 [get_ports {sw[8]}]
set_property PACKAGE_PIN T3 [get_ports {sw[9]}]
set_property IOSTANDARD LVCMOS33 [get_ports {sw[9]}]
## sw[15]
set_property PACKAGE_PIN R2 [get_ports {clr}]
set_property IOSTANDARD LVCMOS33 [get_ports {clr}]
## 7-seg display
set_property PACKAGE_PIN W4 [get_ports {display_out[10]}]
set_property PACKAGE_PIN V4 [get_ports {display_out[9]}]
set_property PACKAGE_PIN U4 [get_ports {display_out[8]}]
set_property PACKAGE_PIN U2 [get_ports {display_out[7]}]
set_property PACKAGE_PIN W7 [get_ports {display_out[6]}]
set_property PACKAGE_PIN W6 [get_ports {display_out[5]}]
set_property PACKAGE_PIN U8 [get_ports {display_out[4]}]
set_property PACKAGE_PIN V8 [get_ports {display_out[3]}]
set_property PACKAGE_PIN U5 [get_ports {display_out[2]}]
set_property PACKAGE_PIN V5 [get_ports {display_out[1]}]
set_property PACKAGE_PIN U7 [get_ports {display_out[0]}]
set_property IOSTANDARD LVCMOS33 [get_ports {display_out[9]}]
set_property IOSTANDARD LVCMOS33 [get_ports {display_out[8]}]
set_property IOSTANDARD LVCMOS33 [get_ports {display_out[7]}]
set_property IOSTANDARD LVCMOS33 [get_ports {display_out[6]}]
set_property IOSTANDARD LVCMOS33 [get_ports {display_out[5]}]
set_property IOSTANDARD LVCMOS33 [get_ports {display_out[4]}]
set_property IOSTANDARD LVCMOS33 [get_ports {display_out[3]}]
set_property IOSTANDARD LVCMOS33 [get_ports {display_out[1]}]
```

```
set_property IOSTANDARD LVCMOS33 [get_ports {display_out[2]}]
set_property IOSTANDARD LVCMOS33 [get_ports {display_out[0]}]
set_property IOSTANDARD LVCMOS33 [get_ports {display_out[10]}]
```

5.4.5　使用 Vivado 烧录 FPGA 的配置 Flash

每次关闭 Basys 3 的电源，FPGA 中的逻辑内容都会丢失，因此必须重新使用 USB 下载才能正常工作。按照下面的步骤，可把码流文件烧录到 Flash ROM 中，这样电源关闭（掉电）后程序就不会丢失，Basys 3 一上电也就能正常工作。

如图 5.4.24 所示，改变码流设置。

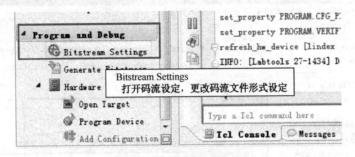

图 5.4.24　改变码流设置

如图 5.4.25 所示，选中码流文件类型（-bin_file）。

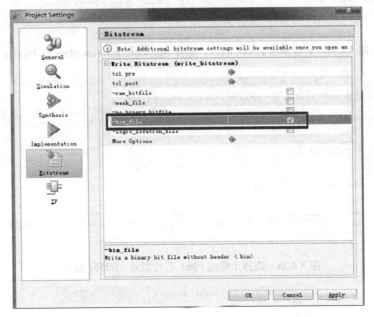

图 5.4.25　选中码流文件类型（-bin_file）

后续步骤如图 5.4.26 至图 5.4.32 所示。

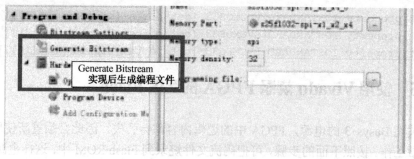

图 5.4.26　重新生成码流文件

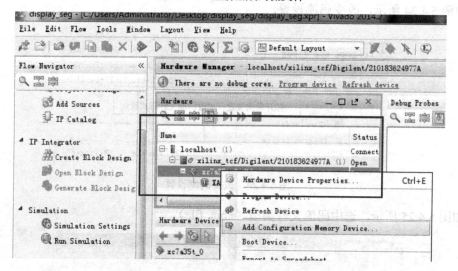

图 5.4.27　右键单击 FPGA 芯片，选择 Add Configuration Memory Device

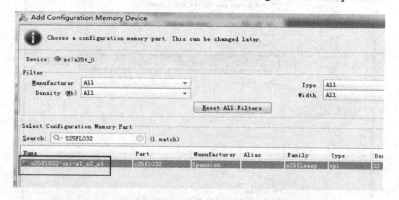

图 5.4.28　选择正确的 Flash 芯片型号（S25FL032）

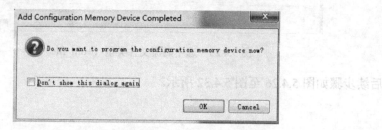

图 5.4.29　单击 OK 按钮，确认即将对 Flash 编程

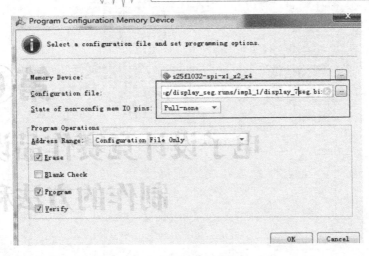

图 5.4.30 选择刚刚生成的 bit 文件

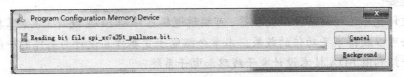

图 5.4.31 编程进度提示

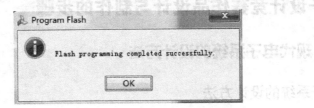

图 5.4.32 单击 OK 按钮，确认 Flash 编程结束

第⑥章

电子设计竞赛作品设计与制作的方法和步骤

内容提要

电子设计竞赛已经离不开微处理器、可编辑逻辑器件和 EDA 设计工具，掌握先进的系统设计方法可以获得事半功倍的效果。本章介绍电子竞赛作品设计与制作的一般方法和步骤，重点介绍利用 EDA 技术设计电子线路和电子系统。

6.1　电子设计竞赛作品设计与制作的步骤

6.1.1　现代电子系统的设计方法

1. 电子系统的设计方法

现代电子系统的设计方法主要有两种，即自底向上（Bottom-up）和自顶向下（Top-down）。

自底向上设计方法是较为传统的电子系统设计方法，设计步骤如图 6.1.1 所示。而自顶向下设计方法是现代电子系统设计常采用的设计方法，其设计步骤如图 6.1.2 所示。

图 6.1.1　自底向上设计方法的设计步骤　　　　图 6.1.2　自顶向下设计方法的设计步骤

在自顶向下设计方法中，设计者首先需要对整个系统进行方案设计和功能划分，拟订采用一片或几片专用集成电路（ASIC）来实现系统的关键电路，系统和电路设计工程师亲自参与这些专用集成电路的设计，完成电路和芯片版图，再交由 IC 工厂投片加工，或采用可编程 ASC（如 CPLD 和 FPGA）技术现场编程实现。

在自顶向下设计方法中，行为设计确定该电子系统或 VLSI 芯片的功能、性能及允许的芯片面积和成本等。结构设计根据系统或芯片的特点，将其分解为接口清晰、相互关系明确、尽可能简单的子系统，得到一个总体结构。这个结构可能包括信号处理、算术运算单元、控制单元、数据通道、各种算法状态机等。逻辑设计把结构转换成逻辑图，设计中尽可能采用规则的逻辑结构或采用经过考验的逻辑单元或信号处理模板。电路设计将逻辑图转换成电路图，一般都需进行硬件仿真，以最终确定逻辑设计的正确性。版图设计将电路图转换成版图，如果采用可编程器件，那么可利用可编程器件的开发工具进行编程制片。

2．设计的划分与步骤

采用自底向上设计方法或自顶向下设计方法，一般可将整个设计计划分为系统级设计、子系统级设计、部件级设计、元器件级设计 4 个层次。对每个层次，都可采用如下步骤。

第 1 步：行为描述与设计。将设计要求变为技术性能指标与功能的描述。

第 2 步：结构描述与设计。实现技术性能指标与功能的子系统、部件或元器件，以及相互连接关系、输入/输出信号、接口等。

第 3 步：物理描述与设计。实现结构的材料、元器件、工艺、加工方法、设备等。例如，设计一个数字控制系统，行为描述与设计完成传递函数和逻辑表达式，结构描述与设计完成逻辑图和电路图，物理描述与设计确定使用的元器件、印制板设计、安装方法等。

3．设计中应注意的一些问题

采用自顶向下设计方法时，必须注意以下问题：

① 在设计的每个层次中，必须保证完成的设计能够实现所要求的功能和技术指标，注意功能上不能有残缺，技术指标要留有余地。

② 注意设计过程中问题的反馈。解决问题采用"本层解决，下层向上层反馈"的原则，即遇到问题时必须在本层解决，不可将问题传向下层。如果在本层解决不了，那么必须将问题反馈到上一层，在上一层中解决。完成一个设计时，存在从下层向上层多次反馈修改的过程。

③ 功能和技术指标的实现采用子系统、部件模块化设计。要保证每个子系统、部件都能完成明确的功能，达到确定的技术指标。输入/输出信号关系应明确、直观、清晰。应保证可以对子系统、部件进行修改、调整和替换。

④ 软件/硬件协同设计。充分利用微控制器和可编程逻辑器件的可编程功能，在软件与硬件利用之间寻找平衡。软件/硬件协同设计的一般流程如图 6.1.3 所示。

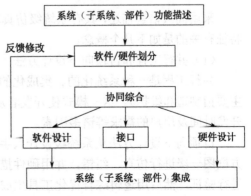

图 6.1.3　软件/硬件协同设计的一般流程

6.1.2 EDA 技术

1. EDA 技术的内涵

现在电子系统设计依靠手工已经无法满足要求，设计工作需要在计算机上采用 EDA 技术完成。EDA（Electronics Design Automation）即电子设计自动化。EDA 技术以计算机硬件和系统软件为基本工作平台，采用 EDA 通用支撑软件和应用软件包，在计算机上帮助电子设计工程师完成电路的功能设计、逻辑设计、性能分析、时序测试，直至 PCB（印制电路板）的自动设计等。在 EDA 软件的支持下，设计者完成对系统功能的描述，由计算机软件进行处理得到设计结果。利用 EDA 设计工具，设计者可以预知设计结果，减少设计的盲目性，极大地提高设计的效率。

EDA 通用支撑软件和应用软件包涉及电路和系统、数据库、图形学、图论和拓扑逻辑、计算数学、优化理论等学科，EDA 软件的技术指标有自动化程度、功能完善度、运行速度、操作界面、数据开放性和互换性（不同厂商的 EDA 软件可相互兼容）等。EDA 技术包括电子电路设计的各个领域，即从低频电路到高频电路、从线性电路到非线性电路、从模拟电路到数字电路、从分立电路到集成电路的全部设计过程，涉及电子工程师进行产品开发的全过程，以及电子产品生产的全过程中期望由计算机提供的各种辅助工作。EDA 技术的内涵如图 6.1.4 所示。

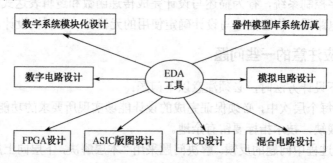

图 6.1.4　EDA 技术的内涵

2. EDA 技术的基本特征

采用高级语言描述，具有系统级仿真和综合能力是 EDA 技术的基本特征。与这些基本特征有关的是如下几个概念。

（1）并行工程和自顶向下设计方法

并行工程是一种系统化的、集成化的、并行的产品及相关过程的开发模式（相关过程主要指制造和维护）。这一模式使开发者从一开始就要考虑到产品生存周期的质量、成本、开发时间及用户的需求等诸多因素。

自顶向下设计方法从系统级设计入手，在顶层进行功能方框图的划分和结构设计；在方框图一级进行仿真、纠错，并用硬件描述语言对高层次的系统行为进行描述；在功能级进行验证，然后用逻辑综合优化工具生成具体的门级逻辑电路的网表，其对应的物理实现级可以是印制电路板或专用集成电路。自顶向下设计方法有利于在早期发现产品结构设计中的错误，提高设计的一次成功率，因此在 EDA 技术中被广泛采用。

（2）硬件描述语言（HDL）

用硬件描述语言进行电路与系统的设计是当前 EDA 技术的一个重要特征。硬件描述语言突出优点是：语言的公开可利用性；设计与工艺的无关性；宽范围的描述能力；便于组织大规模系统的设计；便于设计的复用和继承等。与原理图输入设计方法相比较，硬件描述语言更适合规模日益增大的电子系统。硬件描述语言使得设计者在比较抽象的层次上描述设计的结构和内部特征，是进行有综合优化的重要工具。目前最常用的 IEEE 标准硬件描述语言有 VHDL 和 Verilog HDL。

（3）逻辑综合与优化

逻辑综合功能将高层次的系统行为设计自动翻译成门级逻辑的电路描述，实现了设计与工艺的独立。优化是对于上述综合生成的电路网表，根据布尔方程功能等效的原则，用更小、更快的综合结果替代一些复杂的逻辑电路单元，根据指定的目标库映射成新的网表。

（4）开放性和标准化

EDA 系统的框架是一种软件平台结构，它为不同的 EDA 工具提供操作环境。框架提供与数据库相关的服务项目等。一个建立了符合标准的开放式框架结构 EDA 系统，可以接纳其他厂商的 EDA 工具一起进行设计工作。框架作为一套使用和配置 EDA 软件包的规范，可以实现各种 EDA 工具间的优化组合，将各种 EDA 工具集成在一个统一管理的环境之下，实现资源共享。

EDA 框架标准化和硬件化描述语言等设计数据格式的标准化，可集成不同设计风格和应用的要求，使得各具特色的 EDA 工具能在同一个工作站上运行。集成的 EDA 系统不仅能够实现高层次的自动逻辑综合、版图综合和测试码生成，而且可以使各个仿真器对同一个设计进行协同仿真，进一步提高了 EDA 系统的工作效率和设计的正确性。

（5）库（Library）

库是支持 EDA 工具完成各种自动设计过程的关键。EDA 设计公司与半导体生产厂商紧密合作，共同开发了各种库，如逻辑模拟时的模拟库、逻辑综合时的综合库、版图综合时的版图库、测试综合时的测试库等，这些库支持 EDA 工具完成各种自动设计。

3. EDA 的基本工具

EDA 工具的整体概念是电子系统设计自动化。EDA 的物理工具主要完成和解决设计规则检查等问题（如芯片布局、印制电路板布线、电气性能分析）。基于网表、布尔逻辑、传输时序等概念的逻辑工具，其设计输入采用原理图编辑器或硬件描述语言进行，利用 EDA 系统完成逻辑综合、仿真、优化等过程，生成网表或 VHDL、Verilog HDL 的结构化描述。它细分为文字编辑器、图形编辑器、仿真器、检查/分析工具、优化/综合工具等。

文字编辑器在系统级设计中用来编辑硬件系统的描述语言，如 VHDL 和 Verilog HDL，在其他层次用来编辑电路的硬件描述语言文本，如 Spice 的文本输入。

图形编辑器用于硬件设计的各个层次。在版图级，图形编辑器用来编辑表示硅工艺加工过程的几何图形。在高于版图层次的其他级，图形编辑器用来编辑硬件系统的方框图、原理图等。典型的原理图输入工具包括基本单元符号库（基本单元的图形符号和仿真模型）、原理图编辑器的编辑功能和产生网表的功能。

仿真器又称模拟器，用来帮助设计者验证设计的正确性。在硬件系统设计的各个层次

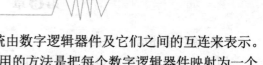

都要用到仿真器。在数字系统设计中，硬件系统由数字逻辑器件及它们之间的互连来表示。仿真器的用途是确定系统的输入/输出关系，采用的方法是把每个数字逻辑器件映射为一个或几个过程，把整个系统映射为由进程互连构成的进程网络，这种由进程互连构成的网络就是设计的仿真模型。

检查/分析工具在集成电路设计的各个层次都会用到。在版图级，采用设计规则检查工具来保证版图表示的电路能被可靠地制造出来。在逻辑门级，检查/分析工具用来检查是否有违反扇出规则的连接关系。时序分析器用来检查电路中的最大和最小延时。

优化/综合工具可以将硬件的高层次描述转换为低层次描述，也可以将硬件的行为描述转换为结构描述，转换过程通常伴随着设计的某种改进。例如，在逻辑门级，可用逻辑最小化来对布尔表达式进行简化；在寄存器级，优化工具可用来确定控制序列和数据路径的最优组合。

目前，国际上具有代表性的 EDA 软件供应商有 Cadence、Synopsys、Avant、Mentor 等。Cadence 公司提供 EDA 的整个设计流程，目前在前端仿真及后端布图方面占有优势。Synopsys 公司提供 VHDL 仿真（VSS）、逻辑综合及 IP 宏单元（设计成品）开发。在逻辑验证方面，Synopsys 独占鳌头，逻辑综合工具占据 80%以上的市场份额。

Avant 公司以提供后端布图与参数提取验证工具为主，也提供前端仿真与形式验证工具，在超深亚微米（VDSM）设计领域具有竞争优势。

Mentor 公司涉足 EDA 的整个设计流程，目前在自动测试方面占有一定优势。

6.2　电子设计竞赛作品的设计与制作方法

与普通电子产品的设计与制作不同的是，电子设计竞赛作品的设计与制作一方面需要遵守电子产品设计制作的一般规律，另一方面要在限定时间、限定人数、限制设计与制作条件、限制交流等情况下完成作品的设计与制作，即电子设计竞赛作品的设计与制作有自身的规律。电子设计竞赛作品的设计与制作需要经过题目分析、系统设计、仿真模拟、PCB 绘图与制作、组装与调试、指标测试等步骤，最后完成作品和设计总结报告，如图 6.2.1 所示。下面根据设计与制作流程图的顺序逐一进行介绍。

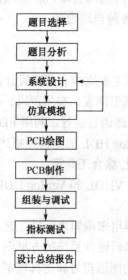

图 6.2.1　设计与制作流程图

6.2.1　题目选择

全国大学生电子设计竞赛作品设计与制作的时间是 4 天 3 夜，3 人为一组。竞赛时一般有 6~8 道题。例如，2017 年第 14 届全国大学生电子设计竞赛共有 12 道题，其中本科组有 8 道题，高职高专组有 4 道题。本科组的 8 道题如下。

A 题：微电网模拟系统。

B 题：滚球控制系统。

C 题：四旋翼自主飞行器探测跟踪系统。

D 题：程控滤波器

E 题：自适应滤波器。

F 题：调幅信号处理实验电路。

I 题：可见光室内定位装置。

H 题：远程幅频特性测试仪。

K 题：单相用电器分析检测装置。

正确地选择竞赛题是保证竞赛成功的关键。参赛队员应仔细阅读所有的竞赛题，根据本组的训练情况，选择最熟悉的题目进行设计与制作。

选择题目的原则进程如下。

（1）明确设计任务，即"做什么"。选择题目时，应注意题目中不应有知识盲点，即要能够看懂题目要求。如果不能看懂题目要求，那么原则上该题目是不可选择的。例如，2007年的 D 题（程控滤波器）涉及 4 阶椭圆滤波器的设计，有些参赛队员对椭圆滤波器的概念都不清楚，更谈不上平时训练过，这就是知识盲点，此时原则上应放弃对此题的选择。竞赛时间非常紧张，没有更多的时间让你去重新学习设计与制作流程。另外，根据竞赛纪律，竞赛过程中是不允许教师辅导的。

（2）明确系统功能与指标，即"做到什么程度"。题目中的设计要求、基本要求和发挥部分各占 50 分，而且基本要求中的各项要求未给出分值，发挥部分的每个要求均给出具体分值，选题时要仔细分析各项要求，并综合两方面的要求，在保证完成基本要求的情况下，尽可能地完成赛题发挥部分的要求。

6.2.2 题目分析

题目分析又称题目剖析。在初步选定题目后，要对该题进行剖析。首先要全部列出该题所要完成的功能和技术指标，形成一个表格并标明分值，从中找出设计的重点内容及难点。一般来说，重点内容源自基本要求和发挥部分的部分要求，难点一般源自发挥部分。对重点内容要确保完成，对难点内容要进行技术攻关。有些队员把主要精力放在难点部分，放松了对重点部分（基本要求）的设计，结果是难点部分虽然被攻破，但基本要求由于时间不够而未能完成或完成欠佳，影响了总成绩。

设计过程中，总体设计至关重要。在设计时，要根据题目的任务与要求，画出系统的结构框图。如果竞赛的第三天发现总体方案有问题，那么再对方案进行修改就来不及。若总体方案正确，而部件设计有差错，则后面纠正还来得及。因此，总体方案的确定要经过组内人员的集体讨论。例如，2017 年 A 题（微电网模拟系统）的重点是逆变器 I 的设计（包括三相交流电的产生、三相交流电的对称性、失真度、效率、负载调整率等）。凡是训练过2005 年 G 题（三相正弦变频电源设计）的队员，都采用 DDS 技术实现了单个三相交流电源，而且技术指标能够满足基本部分的要求；然而，在如何实现第二个三相交流电源时出了问题。很多参赛队采用同一时钟源，利用一根导线传输，同时生成与逆变器 I 一样的三相交流电源，甚至有的参赛队只用一个单片机同时生成两个三相交流电源。这两种方案均不符合题意和应用背景。题目要求两路直流电源，单片机和逆变器是独立的，不允许两个逆变器之间用导线进行通信。正确的做法请参考《模拟电子线路与电源设计》一书的 1.11节，这里不再重复。

6.2.3 系统方案论证

题目选定并对题目进行剖析后，需要考虑的问题就是如何实现题目的各项要求，完成作品的制作，即需要进行方案论证。

方案论证可分为总体实现方案论证、子系统实现方案论证、部件实现方案论证。

1．确定设计的可行性

方案论证最重要的一点是，确定设计的可行性。需要考虑的问题如下。

① 原理的可行性？解决同一个问题有多种方法，但有的方法无法达到设计要求，因此千万要注意。

② 元器件的可行性？例如，采用什么器件？微控制器、可编程逻辑器件能否采购到？

③ 测试的可行性？有没有需要的测量仪器仪表？

④ 设计、制作的可行性？例如，难度如何？本组队员是否可以完成？

⑤ 时间的可行性？4 天 3 晚能否完成？

设计的可行性需要查阅有关资料，并经过充分讨论、分析比较后才能确定。在方案设计过程中，要提出几种不同的方案，从能够完成的功能、能够达到的技术性能指标、元器件材料采购的可能性和经济性、设计技术的先进性及完成时间等方面进行比较，要敢于创新，敢于采用新器件、新技术。对上述问题经过充分、细致的考虑和分析比较后，要拟订切实可行的方案。

2．明确方案的内容

拟订的方案要明确如下内容。

（1）系统的外部特性

① 系统具有的主要功能是什么？

② 引脚数量是多少？功能是什么？

③ 输入信号和输出信号形式（电压、电流、脉冲）、大小（量级）是多少？

④ 输入信号和输出信号相互之间的关系是什么？函数表达式是什么？是线性还是非线性？

⑤ 测量仪器仪表是什么？采用什么方法？

（2）系统的内部特性

① 系统的基本工作原理是什么？

② 系统的实现方法是什么？是采用数字方式、模拟方式，还是采用数模混合方式？

③ 系统的方框图是什么？

④ 系统的控制流程是什么？

⑤ 系统的硬件结构是什么？

⑥ 系统的软件结构是什么？

⑦ 系统中各子系统、部件之间的关系是什么？接口、尺寸和安装方法是什么？

（3）系统的测量方法和仪器仪表

作品设计与制作能否成功，要通过实现的功能和达到的技术性能指标来体现。在拟订方案时，应认真讨论系统功能和技术性能指标的测量方法，以及用于测量的仪器仪表。需要考虑的问题如下：

　① 仪器仪表的种类是什么？

　② 仪器仪表的精度是多少？

　③ 测量参数的形式是什么？

　④ 采用什么测量方法？

　⑤ 测试点是什么？

　⑥ 测量数据如何记录与处理？

6.2.4　电子设计竞赛作品设计与制作的全过程

电子设计竞赛作品设计与制作的全过程如图 6.2.2 所示。

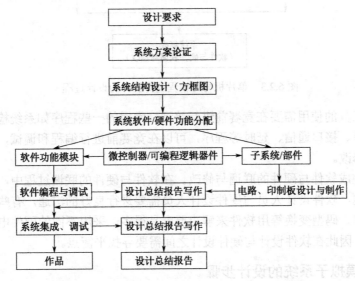

图 6.2.2　电子设计竞赛作品设计与制作的全过程

6.2.5　子系统的设计与制作步骤

1. 单片机与可编程逻辑器件子系统的设计步骤

在电子设计竞赛中，作为控制器，单片机与可编程逻辑器件应用非常普遍，其设计过程如图 6.2.3 所示，可分为明确设计要求、系统设计、硬件设计与调试、软件设计与调试、系统集成等步骤。

设计的第一步是明确设计要求，确定系统功能与性能指标。一般情况下，单片机与可编程逻辑器件最小系统是整个系统的核心，需要确定最小系统板的功能、输入/输出信号特征等；需要考虑与信号输入电路、控制电路、显示电路、键盘电路的接口和信号关系。

最小系统板在竞赛时可以采用成品，但接口电路，功率控制电路，模数和数模转换电路、信号调理电路等需要自己设计与制作。为使作品的整体性更好一些，建议将控制器与外围电路设计在一块电路板上，这部分内容可在竞赛前进行设计与制作，在竞赛过程中根据需要修改软件开发工具，与所选择的硬件配套。软件设计需要对软件功能进行划分，需要确定数学模型、算法、数据结构、子程序等模块。

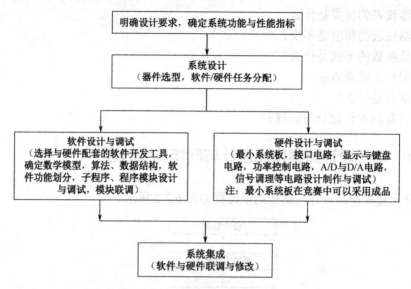

图 6.2.3　单片机与可编程逻辑器件的设计过程

软件开发工具的使用需要在竞赛前进行培训。常用的一些程序如系统检测、显示器驱动、模数、数模、接口通信、延时等程序，可以在竞赛前进行编程和调试，在竞赛过程中根据需要进行修改。

系统集成完成软件与硬件的联调与修改。在软件与硬件的联调过程中，需要认真分析现场出现的问题，软件设计人员与硬件设计人员需要进行良好的沟通，有些问题如非线性补偿、数据计算、码型变换等用软件来解决要容易得多。采用不同的硬件电路时，软件编程会完全不同，因此在软件设计与硬件设计之间需要寻找平衡点。

2. 数字/模拟子系统的设计步骤

数字/模拟子系统的设计步骤大致为：明确设计要求，确定设计方案、设计与制作电路，调试。在电子设计竞赛中，数字子系统多采用单片机或大规模可编逻辑器件来实现，但也可采用 74/40 等系列的数字集成电路来实现。本节讨论的数字子系统基于 74/40 等系列的数字集成电路。

（1）明确设计要求

① 对于数字子系统，需要明确的设计要求如下：

- 子系统的输入和输出、数量？
- 信号形式：模拟、TTL、CMOS？
- 负载？微控制器？可编程器件？功率驱动？输出电流？
- 时钟？毛刺？冒险-竞争？
- 实现器件？

② 对于模拟子系统，需要明确的设计要求如下：

- 输入信号的波形和幅度、频率等参数？

- 输出信号的波形和幅度、频率等参数？
- 系统的功能和各项性能指标？如增益、频带、宽度、信噪比、失真度等？
- 技术指标的精度、稳定性？
③ 测量仪器？
④ 调试方法？
⑤ 实现器件？
（2）确定设计方案

对于数字电路占主体的系统，我们的建议是采用单片机或可编程逻辑器件。不要大量采用中小规模数字集成电路，采用中小规模数字集成电路制作作品时非常麻烦，并且可靠性差。模拟子系统的设计方案与所选择的元器件有很大关系。我们的建议如下：

① 根据确这的技术性能指标、输入/输出信号关系，绘制系统方框图。

② 在子系统中，合理地分配技术指标，如增益、噪声、非线性等。将指标分配到框图中的各模块，技术参数指标要定性和定量。

③ 要注意各功能单元的静态指标与动态指标、精度及其稳定性，应充分考虑元器件的温度特性、电源电压波动、负载变化及干扰等因素的影响。

④ 要注意各模块之间的耦合形式、级间的阻抗匹配、反馈类型、负载效应及电源内阻、地线电阻、温度等对系统指标的影响。

⑤ 合理地选择元器件，应尽量选择通用、新型、熟悉的元器件。应注意元器件参数的分散性，设计时应留有余地。

⑥ 要事先确定参数调试与测试方法、仪器仪表、调试与测试点，以及相关的数据记录与处理方法。要合理地分配技术指标，如增益、噪声、非线性等。将指标分配到框图中的各个模块，技术参数指标要定性和定量。

（3）设计与制作

设计主要包括电路设计与印制板设计。

① 电路设计：电路设计建议根据确定的设计方案，选择好元器件，按照技术指标要求，参考元器件厂商提供的设计参考（评估板）及参考资料提供的电路，完成设计。

② 印制板设计：PCB 设计时应遵守 PCB 设计的基本规则，注意数字电路与模拟电路的分隔、高频电路与低频电路的分隔、电源线与接地板的设计等问题。元器件布置不要以好看为要求，而要以满足性能指标为标准，在设计高频电路时更要引起注意。为方便测试，PCB 设计时应设置相关的测试点。

③ EDA 工具的使用：在设计过程中，EDA 工具必不可少。

- 对于数字子系统，采用单片机或可编程逻辑器件，配套的开发工具不可缺少。
- 对于模拟子系统，仿真软件可以选择 Multisim（或 EWB）、Pspice、SystemView 等。
- 设计中用到在系统可编程模拟器件（ISPPAC）时，配套的开发工具也不可缺少，如 PAC-Designer。
- 印制板设计可以采用 Protel 等计算机绘图排版软件。

EDA 工具软件的使用需要在竞赛前进行培训。在竞赛中，作品的制作主要通过手工装配进行，要采用合适的工具按照装配工艺的要求完成作品的制作。工具的使用、装配工艺、应注意的问题等需要在竞赛前进行培训。

6.2.6　仿真模拟

随着教学改革的深入，虚拟仪器和虚拟实验这门课程已在许多高校开设，并且许多高校的老师将仿真模拟搬进了课堂。用仿真模拟实验取代过去的验证性实验，收到了事半功倍的效果，大大提高了教学效率，缩短了教学实践的时间。全国大学生电子设计竞赛时，学生利用仿真模拟的方法验证所设计电路的正确性，并对原电路进行纠错和修改，大大提高了电路设计的可行性。甚至根据任务与要求，只要输入参数和技术指标，就可得到一张设计图，大大加快了设计进度。

Multisim 是一个集原理电路设计、电路功能测试一体的虚拟仿真软件。Multisim 3.0 是 NI 公司电子线路仿真软件 EWB 的升级版，目前 Multisim 的版本有多个。EWB 包含 4 部分，即电路仿真设计的模块 Multisim、PCB 设计软件 Miniboard、布线引擎 Uitiroute 及通信电路分析与设计模块 Commsim，能完成从电路仿真设计到电路图生成的全过程。Multisim、Uitiroute 和 Commsim 相互独立，可分别使用。这 4 部分有增强专业版（Power Professional）、专业版（Professional）、个人版（Personal）、教育版（Education）、学生版（Student）和演示版（Demo）等，各版本的功能和价格有着明显的差异。

Multisim 仿真软件采用软件方法虚拟电子与电工元器件，虚拟电子和电工仪器仪表，实现了"软件即元器件""软件即仪器仪表"。Multisim 仿真软件的元器件库提供了数千种电路元器件供实验选用，同时可以新建或扩充已有的元器件库，而且所需的元器件参数可以从生产厂商的产品使用手册中查到，因此很方便在工程设计中使用。

Multisim 仿真软件的虚拟测试仪器、仪表种类齐全，有一般实验用的实用仪器，如万用表、函数生成器、双踪示波器、直流电源，还有一般实验室少有或没有的仪器，如波特图仪、信号生成器、逻辑分析仪、逻辑转换器、失真度测试仪、频谱分析仪和网络分析仪。

Multisim 仿真软件具有较为详细的电路分析功能，可以完成电路的瞬态分析和稳态分析、时域和频域分析、器件的线性和非线性分析、电路的噪声分析和失真分析、离散傅里叶分析、电路零极点分析、交直流灵敏度分析等，以帮助设计人员分析电路的性能。

Multisim 仿真软件可以设计、测试和演示各种电子线路，包括电工学、模拟电路、数字电路、射频电路及微控制器和接口电路等。可以对被仿真电路中的元器件设置各种故障，如开路、短路和不同程度的漏电等，从而观察不同故障情况下的电路工作状况。在进行仿真的同时，软件还可以存储测试点的所有数据，列出被仿真电路的所有元器件清单，以及存储测试仪器的工作状态、显示波形和具体数据等。

Multisim 仿真软件有丰富的帮助功能，其有限帮助系统不仅包括软件本身的操作指南，而且包括元器件的功能解说，这种解说有利于使用 EWB 进行 CAT 教学。另外，Multisim 还提供了与印制电路设计自动化软件 Protel 及电路仿真软件 Pspice 之间的文件接口，还能通过 Windows 的剪贴板把电路图送往文字处理系统中进行编辑排版，并支持 VHDL 和 Verilog HDL 语言的电路仿真与设计。

利用 Multisim 仿真软件可以实现计算机仿真设计与虚拟实验。与传统的电子电路设计与实验对比，它具有如下特点：设计与实验可以同步进行，可以边设计边实验，修改调试方便；设计和实验用的元器件及测试仪器仪表齐全，可以完成各种类型的电路设计实验；可方便地对电路参数进行测试和分析；可直接打印输出实验数据、测试参数、曲线和电路原理图；实验中不消耗实际的元器件，实验所需元器件的数量不受限制，实验成本低、速度快、效率高；设计和实验成功的电路可以直接在产品中使用。

Multisim 仿真软件易学易用，便于电子信息、通信工程、自动化、电气控制类专业学生自学，便于参赛队员在全国大学生电子设计竞赛中设计电路。关于如何正确使用 Multisim 仿真软件，请参考有关资料。

6.2.7　PCB 绘图及制板

PCB 绘图经历了手工绘图、半手工半自动绘图和全自动绘图三个阶段。目前 PCB 板级设计工具有许多，这里推荐 Altium Designer 15.x PCB 板级设计工具。

1．Altium Designer 15.x 简介

Altium Designer 15.x 是一个一体化的电子竞赛设计平台，能提供强大的 PCB 板级设计工具，同时也能提供 FPGA 与嵌入式软件设计环境，并辅以各种仿真分析及设计数据管理功能，真正实现了电子设计一体化，可以有效地帮助用户提高设计效率和可靠性。

Altium Designer 从 1985 年的 DOS 版 Protel 发展到今天，一直是众多原理图和 PCB 设计者的首选软件。从最早的 Protel 99 SE（1985 年）到后续的 Protel DXP（2001 年），从 2006 年推出的 Altium Designer 6.0，再到最新版本的 Altium Designer 15.x（2015 年），Altium Designer 变得越来越强大，功能越来越完善。

Altium Designer 15.x 是 Altium 公司的最新一代板级电路设计系统，它在继承之前版本各项优点的基础上，做了许多改进，几乎具备了当前所有先进电路辅助设计软件的优点。

为了推广 Altium Designer 系统的应用，Altium 公司提供了强大的技术支持，在 Altium 公司的资源中心（http://www.altium.com.cn/resource-center），提供了有关 Altium Designer 系统应用的培训视频、技术支持、设计诀窍和免费软件。

伴随着 Altium Designer 的改进和升级，出现了一系列关于 Altium Designer 著作和教材，其中有许多优秀的作品，有力地推进了 Altium Designer 的学习和应用。

2．Altium Designer 15.x 的运行环境要求及安装

Altium 公司提供 Altium Designer15.x 的免费试用版，用户可在网上下载（http:// www. altium.com.cn/resource-center）。

Altium Designer 15.x 的安装很简单，安装步骤如下。

将安装光盘插入光驱，在光盘中找到并双击 AltiumInstaller.exe 文件，弹出 Altium Designer 15.x 的安装界面。通过网上下载的试用版本，可以直接从文件夹中找到 AltiumInstaller.exe 文件。按照界面的提示，单击 Next 按钮，就可完成系统的安装。

3．PCB 制板

印制电路板是电子元器件的载体，在电子产品中既起到支撑与固定元件的作用，又起到元器件的作用，同时还起到元器件之间的电气连接作用，任何一种电子设备几乎都离不开电路板。随着电子技术的发展，制板技术也在不断进步。

电路图和 PCB 绘图完成后，接下来是 PCB 的制作。关于如何制板，详见第 2 章。

6.2.8 装配、调试与测试

安装制作是保证设计成功的重要环节之一。而安装制作成功与否，与 PCB 绘图及制作紧密相关。设计与制作印制板时，对于不同的作品（或部件），采取的排版方式是不同的。对于数字电路部分，因为频率较低，可以利用现代软件技术直接排版，这种排版既整齐又漂亮。但是，对于模拟电路部分，特别是高频部分，就需要考虑抗干扰问题——既要考虑抗干扰，又要考虑内部干扰，既要考虑模拟电路部分自身的相互干扰，又要考虑数字电路（脉冲信号）对模拟电路部分的干扰。抗干扰的措施（包括电源隔离、地线隔离、数模隔离和空间隔离等）必须在制板和装配时加以考虑。

元器件焊接要注意防止漏焊、虚焊和短路，特别是在焊接集成芯片引脚时，要注意焊接时间，焊接时间太短容易造成虚焊，焊接时间过长容易烧坏芯片，焊接多脚芯片时，千万注意不要造成引脚短路。焊接元器件时，标志符号一定要朝上，以便于检查电路。焊接多个电感时，要注意防止电磁耦合，例如在焊接超外差接收高频头部分时，高放谐振线圈和本振线圈不能平行放置，而应垂直放置。

组装时，部件与部件之间的连线要短，尽量不要采用飞线；测试点要单独引出测试端口，并留出一定的空间，以方便与仪器仪表的连接；信号线一般要采用屏蔽线，如电缆线；要防止输入端口和输出端口靠得太近，特别是多级放大电路 I/O 端口不能靠得太近，避免正反馈引起自激。

调试与测试也是保证设计成功的关键环节。作品安装完成后，应进行全面调试。调试工作按以下步骤进行。

① 外观检查。根据电路原理图和装配进行检查，检查是否有漏焊、虚焊、错焊等。

② 用三用表检查电源是否短路，并检查负载是否开路或短路。

③ 通电检查。在上述两部检查无误后，才能进行通电检查，产品通电后要测试各级静态工作点是否正常。

④ 调试。调试时应先调试各部件、各分机，然后整机联调。

⑤ 测试技术指标。在测试技术指标前，要熟悉测量方法和仪器仪表。

进行指标测试时，要先测试分级指标，然后测试系统指标。以 2005 年的单工无线呼叫系统为例，应先测 FM 发射机和 FM 接收机的主要技术指标，再测呼叫系统的技术指标。指标测试过程中应做好记录，要列出记录表格。

若某些技术指标未达到要求，则要想办法去解决它，力争使产品更加完善。

6.2.9 电子设计竞赛总结报告写作

全国大学生电子设计竞赛总结报告是单独评分的。1994—2007 年的设计报告占 50 分，2009 年的设计报告占 30 分，2011—2017 年的设计报告占 20 分。但是，2011—2017 年的优秀作品被推荐到全国参评时，多了一个占 30 分的综合测评，但总分仍为 50 分。

尽管总结报告的绝对分值有所下降，但在省级测评中总结报告占总分的 16.7%，在全国测评中总结报告占总分的 13.3%，这一比例也不小。总结报告写得一般，甚至写得不好，即使作品实物做得再好，综合测评也不错，也不可能得高分。例如，2017 年某参赛队选中了 A 题（微电网模拟系统），实物制作和综合测评均为优秀，但总结报告中出现了"总体方案采用同一个时钟，并且用一根导线进行传送"这句话，就因为这一句话，该队失去了很重要的得分——测评结论是不符合题意，因此必须高度重视总结报告，初稿完成后要让其他两名队员审查后才能定稿。

总结报告要根据全国大学生电子设计竞赛组委会的《设计报告具体要求》来写。尽管不同的题目要求不一定相同，但要求大体上分为如下层次：

① 方案论证（含方案描述、方案比较与选择）。

② 理论分析与计算。

③ 电路与程序设计。

④ 测试方法与测试结果。

⑤ 设计报告结构及规范性（摘要、设计报告正文的结构、图标的规范性）。

设计报告总篇幅约为 8 页，其他部分可用附录给出。

关于总结报告的写作，可参考培训教程第 2 分册至第 5 分册中的各个设计案例，这里不再介绍。

第⑦章
全国大学生电子设计竞赛综合测评

7.1　2011年全国大学生电子设计竞赛综合测评

——集成运算放大器的应用

7.1.1　任务与要求

使用一个通用四运放芯片 LM324 构成的电路框图如图 7.1.1(a)所示，电路实现下述功能。使用低频信号源产生 $u_{i1} = 0.1\sin 2\pi f_0 t$ V，$f_0 = 500$Hz 的正弦波信号，加至加法器的输入端，加法器的另一个输入端加由自制振荡器产生的信号 u_{o1}，u_{o1} 的波形如图 7.1.1(b)所示，$T_1 = 0.5$ms，并允许有±5%的误差。

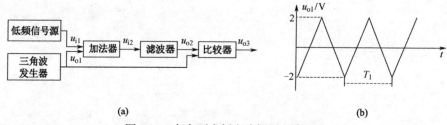

(a)　　　　　　　　　　　　　(b)

图 7.1.1　任务要求折电路框图和波形图

图中要求加法器的输出电压 $u_{i2} = 10u_{i1} + u_{o1}$。$u_{i2}$ 经选频滤波器滤除 u_{o1} 频率分量，选出信号 u_{o2}，u_{o2} 是峰峰值 9V 的正弦信号，用示波器观察无明显失真。u_{o2} 信号再经比较器后，在 1kΩ 负载上得到峰峰值 2V 的输出电压 u_{o3}。

电源只能选用+12V 和+15V 两种单电源，由稳压电源供给。不得使用额外电源和其他型号的运算放大器。

要求预留 u_{i1}、u_{i2}、u_{o1}、u_{o2} 和 u_{o3} 的测试端子。

说明：

（1）综合测评应在模数实验室进行，实验室应能提供常规仪器仪表和电阻、电容等。

（2）电路板检查后发给各参赛队，原则上不允许参赛队更换电路板。

（3）若电路板上已焊好的 LM324 被损坏，允许提供新的 LM324 芯片，自行焊接，但要酌情扣分。

（4）提供 LM324 使用说明书。

7.1.2　LM324 集成运算放大器简介

LM324 集成运算放大器属于通用四运放集成电路，它的引脚图如图 7.1.2 所示，其极限参数、主要技术指标如下：

双电源供电：±16V。

单电源供电：32V。

差分输入电压：$U_{ID} = \pm 3.2V$。

单端输入电压：−0.3～+32V。

最大失调电流：50nA。

最大失调电压：7mV。

增益带宽：1.2MHz。

典型压摆率：0.5V/μs。

LM324 内部原理图如图 7.1.3 所示。

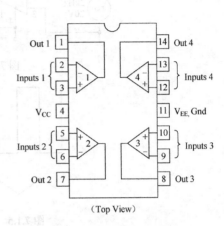

图 7.1.2　LM324 引脚图

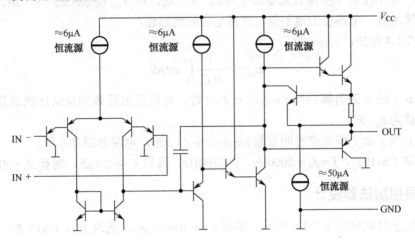

图 7.1.3　LM324 内部原理图

7.1.3　单元电路设计

1. 三角波生成器设计

根据题目要求，三角波如图 7.1.1(b)所示，其峰值电压 $U_{opp} = 4V$，$T_1 = 0.5ms$，

$$f_1 = \frac{1}{T} = \frac{1}{0.5 \times 10^{-3}} = 2kHz$$

三角波生成器电路如图 7.1.4 所示，输出波形如图 7.1.5 所示。

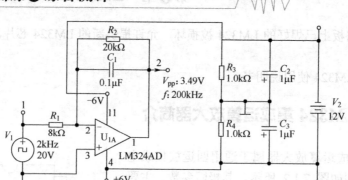

图 7.1.4　三角波生成器电路

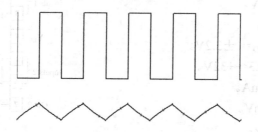

图 7.1.5　三角波生成器电路输出波形

注意：将 U_{1A} 的 V_{CC} 接直流稳压电源的"+"端，将 V_{SS} 接电源的"-"端。直流稳压电源负端接地时，电路板的地不能与直流电源的地相连。

由图 7.1.4 可知，

$$u_{o1} = -\frac{1}{R_1 C_1} \int_0^{\pm} u(t) \mathrm{d}t$$

当 $f \gg f_c$ 或电路时间常数 $\tau = R_1 C_1 \ll T/2$ 时，电路近似等效为反向比例运算放大器电路，其增益为 R_2 / R_1。

$f \ll f_c$ 当 $f \ll f_c$ 或电路时间常数 $\tau = R_1 C_1 \gg T/2$ 时，电路起积分作用。

实际取 $f \gg 10 f_c$，$f = f_0 = 2000\mathrm{Hz}$，$f_c < 200\mathrm{Hz}$；现取 $C_1 \leq 0.1 \mu\mathrm{F}$，则有 $R_1 = 8\mathrm{k}\Omega$。

2．同相加法器设计

同相加法器电路如图 7.1.6 所示，根据 $u_{i2} = 10u_{i1} + u_{o1}$，选取 $R_F = 10\mathrm{k}\Omega$，$R_3 = 910\Omega$。

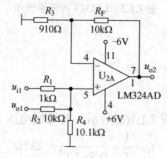

图 7.1.6　同相加法器电路

$$R_N = R_3 // R_F = \frac{R_3 R_F}{R_3 + R_F} = \frac{10 \times 0.91}{10 + 0.91} \approx 0.834\text{k}\Omega$$

$$1 + \frac{R_F}{R_3} = 1 + \frac{10}{0.91} \approx 12$$

$$R_P = R_1 // R_2 // R_4 = \frac{R_1 R_2 R_4}{R_1 R_2 + R_1 R_4 + R_2 R_4} = R_N \approx 0.834\text{k}\Omega \tag{7.1.1}$$

利用叠加原理列方程得

$$u_{i1} \frac{R_2 // R_4}{R_1 + R_2 // R_4} \left(1 + \frac{R_F}{R_3}\right) = 10u_{i1}, \quad u_{o1} \frac{R_2 // R_4}{R_2 + R_1 // R_4} \left(1 + \frac{R_F}{R_3}\right) = 10u_{o1}$$

化简得

$$\frac{R_2 R_4}{R_1 R_2 + R_1 R_4 + R_2 R_4} = \frac{10}{12} \tag{7.1.2}$$

$$\frac{R_1 R_4}{R_1 R_2 + R_1 R_4 + R_2 R_4} = \frac{1}{12} \tag{7.1.3}$$

解由式（7.1.1）、式（7.1.2）和式（7.1.3）组成的方程组，得

$$R_1 = 1.008\text{k}\Omega \approx 1\text{k}\Omega$$
$$R_2 = 10.08\text{k}\Omega \approx 10\text{k}\Omega$$
$$R_4 = 10.08\text{k}\Omega \approx 10.1\text{k}\Omega$$

注意，对于单电源供电的处理方法有两种：

（1）浮地法：如图 7.1.6 所示，电源的地是悬浮的，不与线路板的地线相连，这样将单电源变成双电源使用，使设计简化了许多。

（2）重构直流工作点：尽管采用了单电源供电，但此时 LM324 的 $V_{SS} = 0\text{V}$，运放的直流工作点要重新建立，即运放两个输入端的直流工作点应保证在 $V_{CC}/2$ 左右。

3. 带通滤波器设计

带通滤波器电路如图 7.1.7 所示。

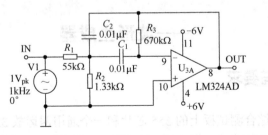

图 7.1.7　带通滤波器电路

带通滤波器电路的幅频、相频特性如图 7.1.8 所示。

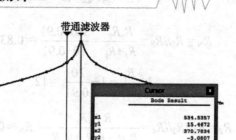

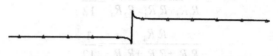

图 7.1.8　带通滤波器电路的幅频、相频特性

4．比较器设计

比较器电路如图 7.1.9 所示。

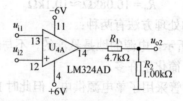

图 7.1.9　比较器电路

7.2　2013 年全国大学生电子设计竞赛综合测评

——波形生成器

7.2.1　任务与要求

　　使用题目指定的综合测试板上的 555 芯片和一个通用四运放 324 芯片，设计制作一个频率可变的，同时输出脉冲波、锯齿波、正弦波 I、正弦波 II 等波形的产生电路。给出设计方案、详细电路图和现场自测数据波形（一律手写，3 位同学签字，注明综合测试板编号），与综合测试板一同上交。

　　设计制作要求如下：

　　（1）同时四通道输出，每通道输出脉冲波、锯齿波、正弦波 I、正弦波 II 中的一种，每通道输出的负载电阻均为 600Ω。

（2）4 种波形的频率关系为 1∶1∶1∶3（三次谐波）：脉冲波、锯齿波、正弦波 I 输出频率范围为 8～10kHz，输出电压幅度峰峰值为 1V；正弦波 II 输出频率范围为 24～30kHz，输出电压幅度峰峰值为 9V；脉冲波、锯齿波和正弦波输出波形应无明显失真（使用示波器测量时）。频率误差不大于 10%，通带内输出电压幅度峰峰值误差不大于 5%。脉冲波占空比可调整。

（3）电源只能选用+10V 单电源，由稳压电源供给，不得使用额外电源。

（4）要求预留脉冲波、锯齿波、正弦波 I、正弦波 II 和电源的测试端子。

（5）每通道输出的负载电阻 600Ω 应标示清楚并置于明显位置，便于检查。

注意，不能外加 555 和 LM324 芯片，不能使用除综合测试板上的芯片外的其他任何器件或芯片。

说明：

（1）综合测评应在模数实验室进行，实验室应能提供常规仪器仪表、常用工具和电阻、电容、电位器等。

（2）电路板检查后发给参赛队，原则上不允许参赛队更换电路板。

（3）若电路板上已焊好的 LM324 和 555 芯片被损坏，允许提供新的 LM324 芯片和 555 芯片，自行焊接，但要酌情扣分。

（4）提供 LM324 和 555 芯片使用说明书。

7.2.2　555 集成芯片介绍

555 集成芯片引脚图如图 7.2.1 所示，其内部电路如图 7.2.2 所示。555 时基电路真值表见表 7.2.1。其数学表达式为

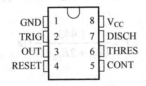

图 7.2.1　555 集成芯片引脚图

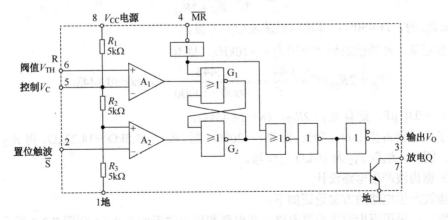

图 7.2.2　555 集成芯片内部电路

表 7.2.1　555 时基电路真值表

引脚 电平	低触发端 TR（2 脚）	高触发端 TH（6 脚）	强制复位端 MR（4 脚）	输出端 OUT（3 脚）	放电端 DIS（7 脚）
高	不大于 1/3 V_{DD}	任意	高	高（置位）	悬空（置位）
	大于 1/3 V_{DD}	不小于 2/3 V_{DD}		低（复位）	低（复位）
	大于 1/3 V_{DD}	小于 2/3 V_{DD}		维持原电平不变	与 3 脚相同
低	任意	任意	低（不大于 0.4V）	低	低
			$Q^{n+1} = \bar{\bar{S}} + \bar{R}Q^n$		

7.2.3　单元电路设计

波形生成器电路框图如图 7.2.3 所示。

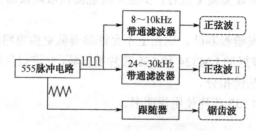

图 7.2.3　波形生成器电路框图

（1）脉冲波生成器

脉冲波生成器设计电路如图 7.2.4 所示，其电容充放电和输出电压波形如图 7.2.5 所示。不难推得 $t_1 = 0.693\tau_1 = 0.693(R_{P1} + R_{P2})C$，$t_2 = 0.693\tau_2 = 0.693R_{P2}C$，$T = t_1 + t_2 = 0.693(R_{P1} + 2R_{P2})C$；振荡频率 $f = 1/T$，即

$$f = \frac{1.443}{(R_{P1} + 2R_{P2})C} \text{Hz}$$

占空比

$$D = \frac{t_1}{T} = \frac{R_{P1} + R_{P2}}{R_{P1} + 2R_{P2}}$$

当 $R_{P1} \ll R_{P2}$ 时，$D \approx 50\%$，即输出振荡波形为方波。

根据题意，脉冲波的频率范围为 8～10kHz，则有

$$(R_{P1} + 2R_{P2})C = \frac{1.443}{f} = \frac{1.443}{8000 \sim 10000} = 0.180 \sim 0.1443 \text{ms}$$

取 $C = 0.01\mu F$，则有 $R_{P1} + 2R_{P2} = 18 \sim 14.43 k\Omega$。

为了尽量使占空比 $D = 50\%$，取 $R_{P1} = 200\Omega$，则 $2R_{P2} = 17.8 k\Omega \sim 14.23 k\Omega$，得 $R_{P2} = 8.9 \sim 7.11 k\Omega$。因此，选取 R_{P2} 为 10 kΩ 电位器。

（2）锯齿波产生电路设计

锯齿波产生电路的方案论证如下。

方案一：采用锯齿波生成器电路，其电路和输出波形如图 7.2.6 和图 7.2.7 所示。该方案容易生成不失真的锯齿波，但必须增加 VD$_1$ 和 VD$_2$ 两个器件。这不符合题目要求，因此

不能采用此方案。

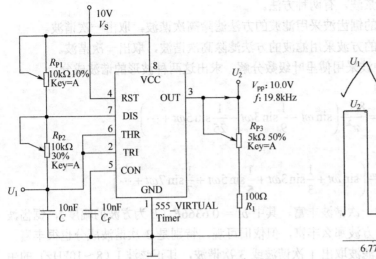

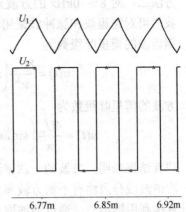

图 7.2.4　脉冲波生成器设计电路　　　　图 7.2.5　电容充放电和输出电压波形

方案二：直接采用 555 电路，其产生锯齿波的电路和波形如图 7.2.4 和图 7.2.5 所示，再经过跟随器输出后，输出波形。该方案锯齿波有点失真，但失真不明显。本方案的电路如图 7.2.8 所示。

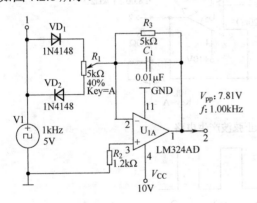

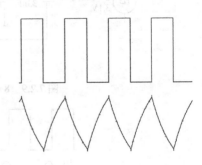

图 7.2.6　锯齿波生成器电路（方案一）　　　图 7.2.7　锯齿波生成器输出波形

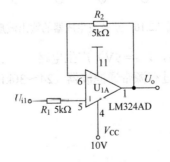

图 7.2.8　锯齿波生成器跟随器电路（方案二）

（3）正弦波 I（8～10kHz）生成电路

要生成 8～10kHz 的正弦波，有两种方法。

方法一：对 8～10kHz 的锯齿波采用滤波的方法滤除高次谐波，取出一次谐波。

方法二：对 8～10kHz 的方波采用滤波的方法滤除高次谐波，取出一次谐波。

我们可对锯齿波和脉冲波采用傅里叶级数分解，求出这两种波形的谐波成分。

锯齿波的傅里叶级数为

$$u(t) = \frac{8U_m}{\pi^2}\left(\sin\omega t - \frac{1}{9}\sin 3\omega t + \frac{1}{25}\sin 5\omega t + \cdots\right)$$

方波的傅里叶级数为

$$u(t) = \frac{4U_m}{\pi}\left(\sin\omega t + \frac{1}{3}\sin 3\omega t + \frac{1}{5}\sin 5\omega t + \frac{1}{7}\sin 7\omega t + \cdots\right)$$

仿真结果表明，方波的一次谐波丰富，其中 $b_1 = 0.6366E$（E 为方波的幅度），锯齿波的一次谐波成分虽然有不如方波那么丰富，但依旧可观，特别是 3 次谐波成分也很丰富。因此直接利用锯齿波，通过滤波取出 1 次谐波或 3 次谐波，其正弦波 I（8～10kHz）的生成电路如图 7.2.9 所示，输出波形如图 7.2.10 所示。

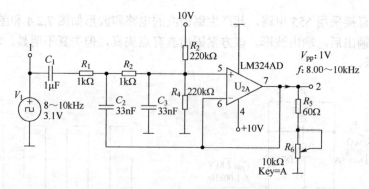

图 7.2.9　8～10kHz 正弦波产生电路

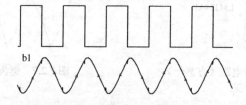

图 7.2.10　正弦波生成器的输出波形

（4）正弦波 II（24～30kHz，$V_{PP} = 9$V）产生电路

将锯齿波（8～10kHz）通过有源带通滤波器（24～30kHz），分别取出 3 次谐波，其电路图如图 7.2.11 所示。

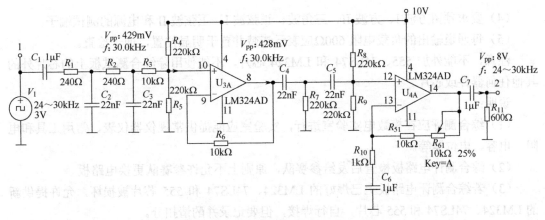

图 7.2.11　24～30kHz 正弦波 II 产生电路

7.3　2015 年全国大学生电子设计竞赛综合测评

——多种波形产生电路

7.3.1　任务与要求

使用题目指定的综合测试板上的 555 芯片、74LS74 芯片和一个通用四运放 LM324 芯片，设计制作一个频率可变且可输出方波 I、方波 II、三角波、正弦波 I、正弦波 II 的多种波形产生电路。给出方案设计、详细电路图和现场自测数据波形（一律手写，3 位同学签字，注明综合测试板编号），与综合测试板一同上交。

（1）设计制作要求：使用 555 时基电路产生频率为 20～50kHz 的方波 I 作为信号源；利用方波 I 可在 4 个通道输出 4 种波形：每通道输出方波 II、三角波、正弦波 I、正弦波 II 中的一种，每通道输出的负载电阻均为 600Ω。

（2）5 种波形的参数要求。

① 使用 555 时基电路产生频率在范围 20～50kHz 内连续可调，U_{o1} 输出电压峰峰值为 1V 的方波 I。

② 使用数字电路 74LS74 产生频率在范围 5～10kHz 内连续可调，输出电压峰峰值为 1V 的方波 II。

③ 使用数字电路 74LS74 产生频率在范围 5～10kHz 内连续可调，输出电压峰峰值为 3V 的三角波。

④ 产生输出频率在范围 20～30kHz 内连续可调，输出电压峰峰值为 3V 的正弦波 I。

⑤ 产生输出频率为 250kHz，输出电压峰峰值为 8V 的正弦波 II。

方波、三角波和正弦波输出波形应无明显失真（使用示波器测量时）。频率误差不大于 5%，通带内输出电压误差不大于 5%。

（3）电源只能选用+10V 单电源，由稳压电源供给，不得使用额外电源。

（4）要求预留方波Ⅰ、方波Ⅱ、三角波、正弦波Ⅰ、正弦波Ⅱ和电源的测试端子。

（5）每通道输出的负载电阻600Ω应表示清楚并置于明显位置，便于检查。

注意，不能外加555、74LS74和LM324芯片，不能使用除综合测试板上的芯片外的其他任何器件或芯片。

说明：

（1）综合测评应在模数电实验室进行，实验室应能提供常规仪器仪表、常用工具和电阻、电容、电位器等。

（2）综合测评电路板检查后发给参赛队，原则上不允许参赛队更换电路板。

（3）若综合测评电路板上已焊好的LM324、74LS74和555芯片被损坏，允许提供新的LM324、74LS74和555芯片，自行焊接，但要记录并酌情扣分。

（4）提供LM324、74LS74和555芯片使用说明书。

7.3.2　74LS74集成芯片介绍

集成芯片74LS74、555、LM324的封装图如图7.3.1所示，74LS74集成芯片引脚排列图、内部原理框图如图7.3.2和图7.3.3所示，各引脚的功能见表7.3.1。

图7.3.1　74LS74、555、LM324的封装图

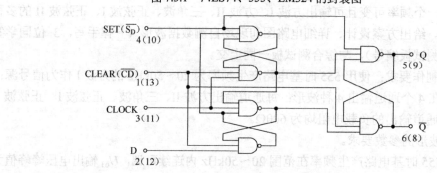

图7.3.2　74LS74集成芯电引脚排列图

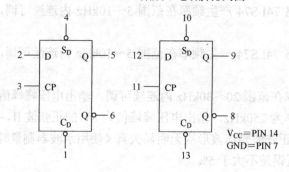

图7.3.3　74LS74集成芯片内部原理框图

表 7.3.1　74LS74 各引脚的功能

引脚号	引脚代码	引脚功能	参数：R_+/R_-	备　　注
1	CLR1	复位信号	9.10/4.38	
2	D1	触发信号	∞/4.71	
3	CK1	时钟信号	9.10/4.91	
4	PR1	控制	∞/4.68	1. 集成块为 14 脚封装
5	Q1	同相位输出	3.71/3.00	2. 电源：14 脚为+5.00V
6	$\overline{Q1}$	反相位输出	∞/6.28	3. 复位：1 脚、13 脚
7	GND	地	0/0	4. 主要用途：双 D 触发器
8	$\overline{Q2}$	反相位输出	∞/6.28	
9	Q2	同相位输出	3.71/3.00	
10	PR2	控制	0.21/0.21	1. 集成块为 14 脚封装
11	CLK2	时钟信号	∞/4.20	2. 电源：14 脚为+5.00V
12	D2	触发信号	0.33/0.33	3. 复位：1 脚、13 脚
13	CLR2	复位信号	9.10/4.38	4. 主要用途：双 D 触发器
14	V_{CC}	电源		

7.3.3　单元电路设计

根据题目任务与要求，其系统总体框图如图 7.3.4 所示。

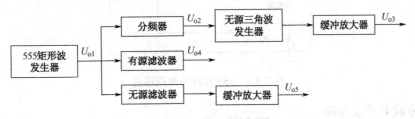

图 7.3.4　系统总体框图

（1）方波 I 产生电路

使用 555 时基电路产生频率在范围 20～50kHz 内连续可调，输出电压峰峰值为 1V 的方波，其电路图如图 7.3.5 所示，555 芯片内部原理图如图 7.3.6 所示。

$$\frac{1}{3}V_{CC} \overset{t_H}{\underset{t_L}{\Longleftrightarrow}} \frac{2}{3}V_{CC}$$

$t_H = 0.693(R_{P1} + R_{P2})C$，$t_L = R_{P2}C$，$T = t_H + t_L = 0.693(R_{P1} + 2R_{P2})C$。

$$f = \frac{1}{T} = \frac{1.44}{(R_{P1} + 2R_{P2})C}$$

占空比

$$D = \frac{t_H}{T} = \frac{R_{P1} + R_{P2}}{R_{P1} + 2R_{P2}}$$

当 $R_{P1} \ll R_{P2}$ 时，$D \approx \dfrac{R_{P2}}{2R_{P2}} = \dfrac{1}{2}$，此时输出的波形接近方波。

若 $C = 0.01\mu F$，$R_{P1} + 2R_{P2} = 2.8 \sim 7\text{k}\Omega$，取 $R_{P1} = 200\Omega$，$R_{P2} = 1.4 \sim 3.5\text{k}\Omega$。

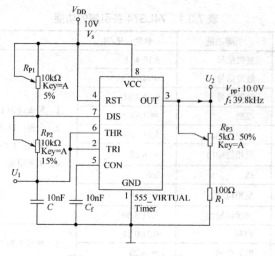

图 7.3.5 方波 I 生成电路

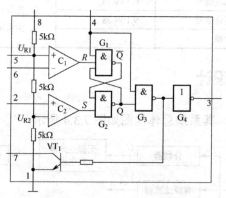

图 7.3.6 555 芯片内部原理图

（2）方波 II 产生电路

使用数字电路 74LS74 产生频率在范围 5～10kHz 内连续可调，输出电压峰峰值为 1V 的方波，其电路图如图 7.3.7 所示，其时序波形图如图 7.3.8 所示。

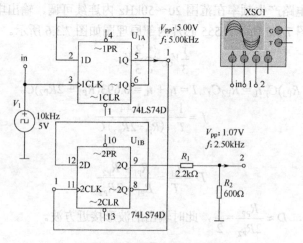

图 7.3.7 方波 II 生成电路

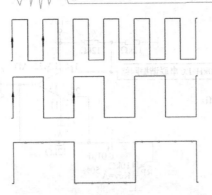

图 7.3.8　方波 II 生成电路仿真波形图

图 7.3.8 所示波形由上到下的测试点分别是 in、1 和 2。

（3）使用数字电路 74LS74 产生频率在范围 5～10kHz 内连续可调，输出电压峰峰值为 3V 的三角波。

采用有源积分器构成的三角波生成电路如图 7.3.9 所示，输出波形如图 7.3.10 所示。

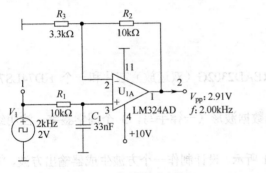

图 7.3.9　三角波生成电路

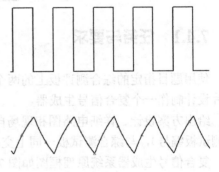

图 7.3.10　三角波生成电路输出波形

图 7.3.10 所示波形由上到下的测试点分别是 1 和 2。

（4）产生输出频率在范围 20～30kHz 内连续可调，输出电压峰峰值为 3V 的正弦波 I，其电路图和输出波形图如图 7.3.11 和图 7.3.12 所示。

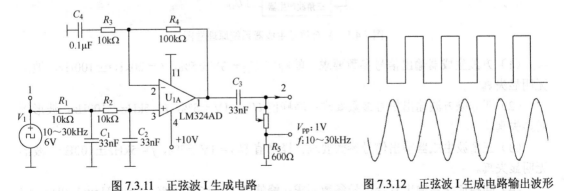

图 7.3.11　正弦波 I 生成电路

图 7.3.12　正弦波 I 生成电路输出波形

（5）产生频率为 250kHz，输出电压峰峰值为 8V 的正弦波 II，其电路图如图 7.3.13 所示。

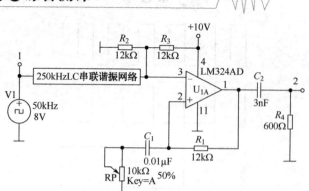

图 7.3.13　正弦波Ⅱ生成电路

7.4　2017 年全国大学生电子设计竞赛综合测评
——复合信号生成器

7.4.1　任务与要求

使用题目指定的综合测评板上的两个 READ2302G（双运放）芯片和一个 HD74LS74 芯片设计制作一个复合信号生成器。

给出方案设计、详细电路图和现场自测数据波形（一律手写，3 个同学签字，注明综合测试板编号），与综合测试板一同上交。

复合信号生成器系统原理框图如图 7.4.1 所示。设计制作一个方波生成器输出方波，将方波生成器输出的方波四分频后，与三角波同相叠加，输出一个复合信号，再经滤波器后输出一个正弦波信号。

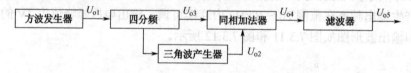

图 7.4.1　复合信号生成器系统原理框图

（1）方波生成器输出信号参数要求：峰峰值 $U_{o1} = 3V \pm 5\%$，$f = 20kHz \pm 100Hz$，波形无明显失真。

（2）四分频方波输出信号参数要求：峰峰值 $U_{o3} = 1V \pm 5\%$，$f = 5kHz \pm 100Hz$，波形无明显失真。

（3）三角波生成器输出信号参数要求：峰峰值 $U_{o2} = 1V \pm 5\%$，$f = 5kHz \pm 100Hz$，波形无明显失真。

（4）同相加法器输出复合信号参数要求：峰峰值 $U_{o4} = 2V \pm 5\%$，$f = 5kHz \pm 100Hz$，波形无明显失真。

（5）滤波器输出正弦波信号参数要求：峰峰值 $U_{o5} = 3V \pm 5\%$，$f = 5kHz \pm 100Hz$，波形无明显失真。

（6）每个模块的输出负载电阻应标示清楚并置于明显位置，便于检查。

（7）给出方案设计、详细电路图和现场自测数据波形（一律手写，3位同学签字，注明综合测试板编号），与综合测试板一同上交。

（8）电源只能选用+5V单电源，由稳压电源供给，不得使用额外电源。

（9）要求预留方波 U_{o1}、四分频后方波 U_{o3}、三角波 U_{o2}、同相加法器输出复合信号 U_{o4}、滤波器输出正弦波 U_{o5} 和+5V单电源的测试端子。

注意，不能外加 READ2302G 和 HD74LS74 芯片，不能使用除综合测评板上的芯片外的其他任何器件或芯片，不允许参赛队更换综合测评板。

说明：

（1）综合测评应在模数实验室进行，实验室应能提供常规仪器仪表、常用工具和电阻（含可变电阻）、电容、电位器等。

（2）综合测评电路板检查后发给参赛队，原则上不允许参赛队更换综合测评板。

（3）若综合测评电路板上已焊好的 READ2302G 和 HD74LS74 芯片被损坏，允许提供新的 READ2302G 和 HD74LS74 芯片，自行焊接，但要记录并酌情扣分。

（4）READ2302G 和 HD74LS74 芯片使用说明书随同综合测评板一并提供。

7.4.2 READ2302G 集成芯片介绍

集成芯片 READ2302G 的引脚图如图 7.4.2 所示，内部原理图如图 7.4.3 所示。

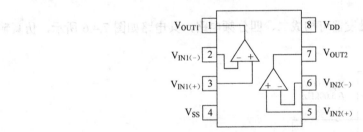

图 7.4.2 READ2302G 的引脚图

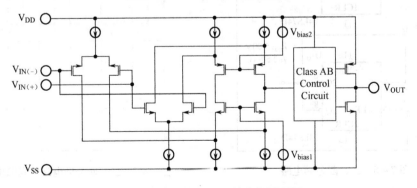

图 7.4.3 READ2302G 的内部原理图

7.4.3　单元电路设计

（1）方波生成器设计

利用双运算放大器 READ2302G 构建方波生成器，其原理图、仿真输出波形分别如图 7.4.4 和图 7.4.5 所示。

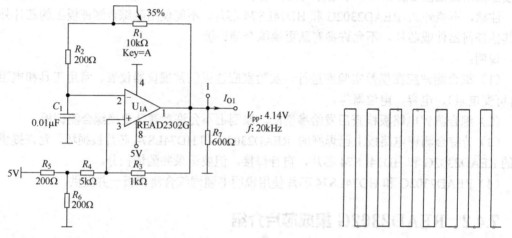

图 7.4.4　方波生成器原理图

图 7.4.5　方波生成器仿真输出波形

（2）四分频电路设计

采用 HD74LS74 双 D 触发器可构成二、四分频电路，其电路如图 7.4.6 所示，仿真输出波形如图 7.4.7 所示。

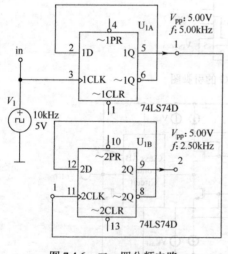

图 7.4.6　二、四分频电路

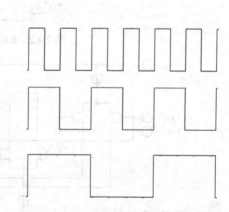

图 7.4.7　二、四分频电路仿真输出波形

（3）三角波生成器设计

采用双运放 READ2302G 的三角波生成器电路如图 7.4.8 所示，其仿真输出波形如图 7.4.9 所示。

（4）同相加法器设计

采用双运放 READ2302G 构成的同相加法器电路如图 7.4.10 所示。

$$U_{o4} = R_F \left(\frac{U_{o2}}{R_2} + \frac{U_{o3}}{R_1} \right)$$

条件：$R_P = R_W$，$R_P = R_1 /\!/ R_2 /\!/ R_3 = 3.3\text{k}\Omega$，$R_N = R_4 /\!/ R_F = 5\text{k}\Omega$，设 $R_1 = R_2 = R_4 = 10\text{k}\Omega$。

$$u_{op} = \frac{1}{3}(u_{o2} + u_{o3})$$

$$\begin{cases} \left(1 + \dfrac{R_F}{R_3}\right) = 3 \\ \dfrac{R_3 R_F}{R_3 + R_F} = 3 \end{cases} \tag{7.4.1}$$

解此方程组得 $R_F = 10\text{k}\Omega$，$R_3 = 5\text{k}\Omega$。

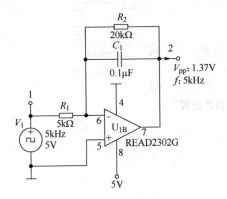

图 7.4.8　三角波生成器电路

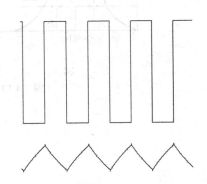

图 7.4.9　三角波生成器的仿真输出波形

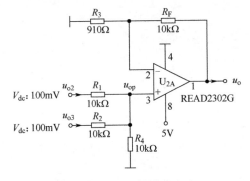

图 7.4.10　同相加法器电路

（5）滤波器设计

采用双运放 READ2302G 构成的带通滤波器电路如图 7.4.11 所示，其幅频特性仿真曲线如图 7.4.12 所示。

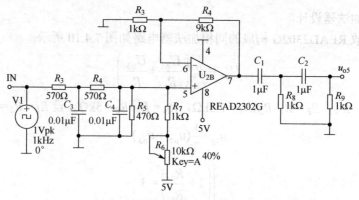

图 7.4.11 带通滤波器电路

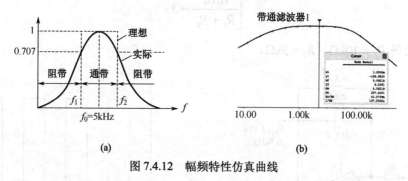

(a)   (b)

图 7.4.12 幅频特性仿真曲线

参 考 文 献

[1] 全国大学生电子设计竞赛组委会. 第一届～第六届全国大学生电子设计竞赛获奖作品选编 [M]. 北京：北京理工大学出版社，2005.

[2] 高吉祥. 全国大学生电子设计竞赛培训系列教材——基本技能训练与单元电路设计第 1 分册[M]. 北京：高等教育出版社，2013.

[3] 高吉祥. 全国大学生电子设计竞赛培训系列教程——基本技能训练与单元电路设计[M]. 北京：电子工业出版社，2007.

[4] 高吉祥. 电子技术基础实验与课程设计（第三版）[M]. 北京：电子工业出版社，2011.

[5] 高吉祥，刘安芝. 模拟电子技术（第 4 版）[M]. 北京：电子工业出版社，2016.

[6] 高吉祥，丁文霞. 数字电子技术（第 4 版）[M]. 北京：电子工业出版社，2016.

[7] 高吉祥，高广珠. 高频电子线路（第 4 版）[M]. 北京：电子工业出版社，2016.

[8] 黄智伟. 全国大学生电子设计竞赛训练教程 [M]. 北京：电子工业出版社，2005.

[9] 薛小铃. 电子系统设计与实践 [M]. 北京：高等教育出版社，2015.

[10] 徐欣. 基于 FPGA 的嵌入式系统设计 [M]. 北京：机械工业出版社，2006.

[11] 黄红欣. EDA 技术实用教程 [M]. 北京：清华大学出版社，2006.

[12] 潘松，黄继业. EDA 技术实用教程（第 2 版）[M]. 北京：科学出版社，2006.

[13] 杨帮文. 最新传感器实用手册 [M]. 北京：人民邮电出版社，2004.

[14] 杨帮文. 新编传感器实用宝典 [M]. 北京：机械工业出版社，2005.

[15] 赫建国，郑燕，薛延侠. 单片机在电子电路设计中的应用 [M]. 北京：电子工业出版社，2006.

[16] 赵光林. 新型电源集成电路应用手册 [M]. 北京：电子工业出版社，2006.

反侵权盗版声明

电子工业出版社依法对本作品享有专有出版权。任何未经权利人书面许可，复制、销售或通过信息网络传播本作品的行为；歪曲、篡改、剽窃本作品的行为，均违反《中华人民共和国著作权法》，其行为人应承担相应的民事责任和行政责任，构成犯罪的，将被依法追究刑事责任。

为了维护市场秩序，保护权利人的合法权益，我社将依法查处和打击侵权盗版的单位和个人。欢迎社会各界人士积极举报侵权盗版行为，本社将奖励举报有功人员，并保证举报人的信息不被泄露。

举报电话：（010）88254396；（010）88258888

传　　真：（010）88254397

E-mail：　dbqq@phei.com.cn

通信地址：北京市万寿路 173 信箱

　　　　　电子工业出版社总编办公室

邮　　编：100036